好好種の自然風花草植栽

室內裝飾裡的小小自然界

KESHIKI BONSAI

小林健二

景色盆栽
是可以一邊栽種植物，
一邊感受四季轉換的
室內裝飾品。

以小小的容器，展現一座庭園。

將寬闊的森林放進小小的容器裡。

由小小的容器裡傳出潺潺的溪流聲。

自然風　　　　　　　　　　　　　　　　　　　　西洋風

景色盆栽
可以裝飾任何類型的
室內設計風格。

古典風

日本風

CONTENTS

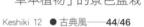

※頁數欄上有「盆栽用語」的解說，都是栽植
盆栽時常用到的術語，可以幫助大家了解盆栽
的製作。

前言

「盆栽」的「盆」，其實就是「缽」。「栽」的意思是照顧種植在「缽」中的植物。日本人創作盆栽歷史可以追溯到很久以前的平安時代。日本的「盆栽」文化，據説是由遣唐使從中國帶回盆栽才開始的。如今「盆栽」文化不僅被日本人所愛，更以「BONSAI」之名，受到世界上各地人士的喜愛，被「盆栽」的魅力俘虜的人，可以説是不計其數。我曾經為了學習「盆栽」而前往美國，而且還因為「盆栽」是「有品味的男士」的嗜好，被視為是「紳士」，受到紳士般的對待。

在日本，很多人認為「盆栽」是昂貴的東西，是老年人的趣味，也是一門困難的學問。其實那些都是先入為主的觀念。事實上，我也曾經是被那樣的觀念束縛的人之一。而讓對「盆栽」有成見的我，踏入「盆栽」這個世界的，是某一本書裡的某一張照片，那本書是《木頭與石頭的設計圖》(川本敏雄／鶴書房出版)，照片的標題是「林蔭道」。那雖是一張在平缽裡密植著杉木的照片，卻讓我有彷彿看到自然實景的感覺，甚至產生了自己正走在森林中的錯覺。只是使用小樹和石頭，就能在一只缽裡，表現出生氣勃勃的森林世界！那實在太奇妙了！我到現在都還清楚地記得當時心底受到衝擊的感覺。

在小小的盆缽裡創作自然生態的樂趣，就是一邊想起小時候看到山的姿態，或想著在旅行途中突然看到的風景，一邊用植物或石頭等等東西，將那些景色重現、創作出來。然後藉著照顧缽中植物的工作，欣賞植物呈現出來的四季景色。所以我把自己創作的「盆栽」，取名為「景色盆栽」。即使只是一株松樹，把它植種在蘚蘚做的小丘後，就形成一幅富饒趣味的風景，它所展現出來的四季風情，可以讓人欣賞一整年。

迷你盆栽搬動容易，隨時可以變換位置，擺在室內便可以享受它成為室內裝飾品所帶來的樂趣。想想看，在屋內喝著紅酒，以大自然的風景當下酒菜，這是多麼風雅的享受！「盆栽」也等於「和」(評註：意味日本的文化概念)，我希望能過著更靠近「盆栽」等於「陳設」的生活。我是帶著這樣的希望，一一介紹本書中所有景色盆栽(迷你盆栽)的作法的。不選擇室內裝飾，請參考不選擇室內裝飾的景色盆栽的照片，選一個自己喜歡的盆缽開始做起吧！我衷心希望能藉由本書，吸引到更多的「盆栽」迷；不論男女老少，即使只多一個也很好。

小 林 健 二

- - - - - - - - - -

景色盆栽的基礎知識

景色盆栽所使用的土，最好是植株原本的生長地方的泥土。但是，這幾乎是不可能的任務，所以只能選擇適合大部分植物、擁有良好的排水性，並且含有水分的土壤作為盆栽的用土。

初學習種植盆栽的人，可以使用園藝店或盆栽專門店裡販賣的盆栽專用土。

● 必備土壤與工具

基本的盆栽用土

極小粒赤玉土
可以當作盆栽底部的栽種土。赤玉土有大粒、中粒、極小粒之分。極小粒赤玉土可作為基本的調配土。

富士砂(大粒)
從富士山周圍採取來的火山灰土壤。因為有良好的通氣性與排水性，所以本書書中的盆栽，大多使用大粒富士砂為的缽底石。

化土(沼澤土)
水邊生長的植物堆積而成的黏土質泥土，有優秀的保濕性與保肥性。除了可以拿來作調配土外，也適用於洗根栽培。

富士砂(小粒)
排水性佳，漂亮的黑色盆栽土。除了可以作調配土外，也可以拿來當化妝砂。

預先完成調配土，須要時就可隨時取用了。

預先作好調配土，需要的時候，就可以立即派上用場。把下列三種盆栽用土混在一起，充分攪拌混合，準備隨時可以使用。本書所使用的盆栽用土，是由這三種土混合而成的調配土。

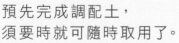

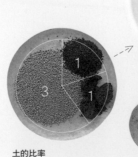

緩效性肥料
可以緩慢而持續地釋放出肥料效果的肥料（魔肥 MAGAMP® K）。請按照使用方法，配合土壤的分量，加入適當的肥料量。

土的比率
極小赤玉土：化土(沼澤土)：富士砂(小粒)
3：1：1

　　盆栽用語　│　**枝形**：枝的姿態或生長繁茂的情況。

①小掃帚
便於清掃灑落在工作檯上的泥土或砂石。
小掃帚不會傷害到工作檯,輕輕地掃就可以
了。

②鏟子
用於將土壤放入盆缽中。鏟子有許多種大小
尺寸,放入迷你盆栽時,便用「小號」的鏟
子。因為是細長形狀的鏟子,便於把土放入
縫隙中。

③衛生筷
以挑落附著於根上的土壤;也可用於土壤置
入缽中後,戳動土壤,填塞缽中的空隙。

④噴霧器
這是即使傾斜了也可以噴出水霧的噴霧器。
因為噴嘴長,所以較深的地方也可以平均地
噴灑到水霧。

⑤鑷子(附刮刀)
刮刀用於壓平、整平土壤時。鑷子可以撿起
土壤、整理根部、挾除細葉。

⑥盆栽剪
使用於剪樹木或老蘚。這是專用剪刀,容易
拿,可以輕鬆地進行細膩的工作。

⑦鐵絲剪
本書使用於修剪缽底網上的鋁線時。另外,
把鐵絲卷在木本植物上,調整木本植物的形
狀時,也會用到這樣的鐵絲剪。

⑧缽底網
鋪缽底網在缽底的洞上,可以防止土壤流失
與昆蟲侵入土壤中。請配合缽底洞的大小,
剪裁出適當的缽底網。

⑨鋁線
用於固定缽底網時,也可以用來捲木本植
物,調整木本植物的形狀。本書所用的是
1.5mm粗的鋁線。

基本工具介紹

①盆栽剪(杜鵑剪)
用於剪細枝和嫩芽時。

②迷你花剪(銅製)
刃寬而厚實,用來剪較粗的枝或莖最方便。假
如是銅製的,需要好好保養,才不易生鏽。

③迷你花剪(不鏽鋼製)
刃端尖細,方便剪細枝與花。這是不鏽鋼製
的剪刀,它的優點是不易生鏽。

④叉枝剪
刃的部分短而尖,所以能夠輕鬆剪下枝與枝
之間難剪的枝。

⑤銅製網
銅所含的金屬離子有殺菌的效果。對盆栽而
言,蚯蚓和蛞蝓都是讓人討厭的動物,銅網
可以防止他們侵入缽中。

⑥旋轉盆栽台(附固定器)
不須挪動缽,只要轉動旋轉台,就可以完成
盆栽的作業。且附有固定器,可以在轉到好
位置時固定下來。

有這些器具,
就更方便了。

● 栽種要點

栽種盆栽時，請看栽種時的順序，按照順序進行作業。
此處介紹了其中的幾個必要重點。

鋪上缽底網

缽底的洞是為了排除缽中多餘的水分而存在的。但是，缽底有洞的話，小蟲很容易從缽底洞侵入缽中，所以要鋪上網狀物，阻擋小蟲入侵。這是製作盆栽時的第一件事情，一定要記住。

準備一片比底洞大一倍的缽底網，然後把三公分左右的鋁線彎曲成U字型。

鋁線穿過缽底網，伸出缽底洞，如照片所示，拉開鋁線的兩腳，左右固定在缽底上。

摘除老蘚

苔蘚的背面像泥土般的黑色部分，就是所謂的老蘚。創作盆栽要用到蘚蘚時，一定要先以手或剪刀去除老蘚的部分。

手拿著所需的苔蘚大小，以手指摘除苔蘚背面約5mm厚的部分。若是極細的絲絨蘚（Pylaisiella intricata），就要以剪刀剪除。

為植株修整

用於盆栽的植物原本放在塑膠盆或素燒陶盆內，移植的時從盆裡拿出來後，記得要先挑落表面的土或附著在根周圍的土。

購買回來的植株的土壤表面上，經常附生著許多苔蘚或雜草。雜草生長時，會搶走土壤中的養分，所以先以鑷子挑落外圍的雜草和土壤。

附著在根部的土壤也以鑷子挑落，然後再剪掉多餘的根。

為草本植物洗根

根部比較脆弱、纖細的植物洗根時，不要使用鑷子，可以放在盛了水的容器中，以水洗去根部的土壤。將從盆內取出的植株，放在盛了水的容器中，以指尖輕輕撥掉根上的土後，平放在布上，先去掉多餘的水分，再進行植入缽中的作業。不過，若是開著花，或結有果實的草本植物，移植時因為避免中斷植物的養分吸收，應避免洗根的動作。

①將根放入盛了水的桶子、洗臉槽，或大碗內，像撫摸一樣地以指尖撥去根上的土壤。②洗到這樣的程度就可以了（如圖）。

稍微捲起擰乾的舊毛巾的邊，放好草本植物。像蓋棉被一樣地，把毛巾蓋在草本植物上，吸取多餘的水分。

　　　盆栽用語　　**纏枝**：枝與枝纏繞在一起的情形。也叫做交差枝。

●景色盆栽管理方法

若想讓景色盆栽有更長的鑑賞期，平日就必須對放置景色盆栽的場所、給水、施肥等等工作，進行適當的管理。

陽光、水、養分，是植物生長時不可或缺的三大要素。

像照顧小孩子一樣，要經常注意植物的模樣，認真管理植物生長的情況，維持植物精神飽滿的樣子。

放置的場所

不同的植物有不同的習性；有些植物喜歡陽光；有些植物喜歡陰涼。基本上，植物一天要接受二至三個小時的陽光，並且應該避免夏日的強烈日曬或午後的陽光。夏天的時候，應該把盆栽放在有屋頂的地方或掛置蘆葦簾遮陽。如果是放置在室內的盆栽，那麼早上到下午兩點，盆栽要放在有陽光的窗邊。另外，人的身體移動時，會帶動空氣中的水分，所以可以把盆栽放在起居室裡。陽台這類的地方，會有陽光反射的熱氣上升，所以不要直接放在水泥地上，要放在磚塊或花台上。

換缽

小缽內的植物會隨著時日生長，如果不去管的話，根會占滿缽的空間，甚至伸出缽底洞，吸收不到水分，植物就會逐漸衰弱。所以替植物換缽，是必要的作業。盆栽植物基本上二至三年要換一次缽。冬天的時候，根處於睡眠的狀態，並不是換缽的時間；根開始活動之前的早春（二、三月），是最理想的換缽時間。換缽時還要進行更換新土、剪掉過長的根、讓新芽冒出來等等作業。另外，換缽時也可以進行分株，是增加另一缽盆栽的好機會。

換缽時如果能夠剪掉一半的根長，那麼也可以繼續使用原來的缽。

適時適當澆水

為盆栽植物澆水的基本標準是——當缽土的表面顯得乾燥時，就要澆水到缽底洞會流出水來為止。通常春天和秋天是每天早上澆水一次；夏天時早晚各澆水一次；冬天時則是兩天 次，並且是在早上的時間澆水。要注意的是，夏天的白天澆水時，如果澆在葉子上，容易引起葉面灼傷的情形。冬天避免在入夜之後澆水，土壤中的水如果結凍，根部會受傷。澆水時最好使用有蓮蓬頭的澆水器，更能均勻地讓植物吸收到水分。迷你盆栽因為缽小，所以水分很容易乾掉，所以請以噴霧式的澆水器給水。

肥料

迷你盆栽因為缽小，肥料給與過多時，反而會讓植物生長衰弱。建議使用緩效性肥，就不會有過度施肥的問題。緩效性的肥料會在每次澆水時一點點地溶化在土壤中讓植物吸收。春天開花的植物要在冬末施肥，秋天開花的植物在夏末施肥。如果已經開始開花了，那就要用液態肥（花寶等等），兩週施一次肥。施肥時請按照說明書上的指示，在容器內稀釋後使用。另外也有不須要稀釋的噴霧式肥料。至於植物的活力劑，則是每天給也沒有問題。

圖片中前方是顆粒狀的固體肥，後是液體狀的肥料花寶，左邊是噴霧式的「Stevia green」。

植物活力劑（美能露），稀釋一百倍後使用。

預防與驅除病蟲害

梅雨季節是植物一年中最容易發生病蟲害的時期。每日仔細觀察植物，發現小蟲時，要立刻以手或鑷子除去。在如此細心的照顧下，如果植物仍然有病蟲害的情形，就必須使用藥劑來消除病蟲害了。病蟲害的藥劑有兩大種類，一種是用於驅除蚜蟲和蛞蝓、介殼蟲等害蟲的殺蟲劑，一種是消滅白粉病、斑點病和鏽病等病害的殺菌劑。除了上述的藥劑外，病蟲害的藥劑還有讓殺蟲劑容易附著在葉子上的展著劑。但是，噴灑藥劑時要注意，必須戴手套，千萬不要讓自己的皮膚沾到藥劑，並且確認沒有小孩在旁邊。另外，建議選擇沒有風的日子噴灑藥劑，藥劑要放在小孩子拿不到的地方。

ⓐ和殺蟲劑混合使用的展著劑「新リノー」殺蛞蝓之外的蟲ⓑ殺蟲劑「スミソン」，殺毛毛蟲或蚜蟲有立即見效的效果。ⓒ下雨仍然有殺菌效果，不會被洗掉的殺菌「トリフミン水和劑」。ⓓ讓蟲吃下以達滅蟲的藥劑「ナメトックス」。ⓔ噴霧式的殺蟲、殺菌劑「オルトランC」，速效性與持續性都很優。

①②放在北歐風家具櫃子上的山楓景色盆栽。用雅緻的布做裝飾，襯托出風景。

③餐桌上樸質圖案的布手巾，裝飾著苔蘚盆栽。

④已經變成只是睡覺地方的家。這裡雖然顯得單調，卻因為有自己喜歡的家具，所以是可以讓自己靜下心來的空間。

居家享受景色盆栽的樂趣

　　我的老家經營建築業，父親曾經告訴我：「成家，就是成立家庭。有『家』有『庭』，家才圓滿。」於是，我的兄長學習建築，而我則進入造園學校學習，並且在造園設計事務所工作。然而，在畫設計圖的時候，我更想呈現的不是平面的圖面，而是實際的草木規模。

　　就是在那種時候，我邂逅了創造缽中景色的「栽景」。那是在小小的容器裡，展現出美麗風景的作業，容器中令人驚訝的生動與纖細之美，深深撼動了我的心。不知何時起，我變成「栽景」的俘虜，整天埋首於栽景的作業之中，還不辭路途遙遠地前往美國拜師，體驗了留學的生活。在美國的期間，我明白到「BONSAI」是男人的高雅嗜好之一，欣賞「BONSAI」也是一種欣賞藝術的行為，西方人對「BONSAI」，和日本人對「盆栽」的印象，是有些不同的。

　　從美國回到日本後，我很認真地摸索屬於自己的風格，努力嘗試發揮「栽景」的特色，在當時就職的公司製作的作品，還引起了大家的注意。五年前，我獨立了，成為「品品」的主人，站在新的人生起跑線上，確立「景色盆栽」是能讓人感覺到自然界的流動，並且就近在身邊的室內裝飾。

　　我的店裡少不了「景色盆栽」，個人房間裡當然也有好幾個「景色盆栽」。我很喜歡北歐風家具的櫃子，「景色盆栽」便擺在房間的北歐風櫃子上。北歐風的櫃子，與充滿東方色彩的「景色盆栽」放在一起，卻一點也不顯得突兀。「景色盆栽」不管放在哪裡，都可以融入家具之中，只要看到「景色盆栽」，心情就平和起來。視一天的心情，選擇一個因自己的嗜好收藏來的茶杯，泡一杯好茶，欣賞「景色盆栽」，就是最幸福的時候。那也是身心都得到解放的時刻。

>>My Collection

我喜歡大村剛先生、安藤雅信先生、村上躍先生、田中信彥先生的作品，並且收藏了許多他們的茶杯或茶碗。土的質感與形狀，是我選擇它們的原因。

盆栽用語 ┊ **閂枝**：從同一個地方往左右分岔生長，呈現出一直線般的枝，對樹幹而言，長成這樣的枝就像閂門一樣，所以被稱為是閂枝。

part 1

「苔蘚」植物的
景色盆栽

苔蘚是描繪地面明暗、起伏、寬、深時，少不了的東西。

雖然只是一片「苔蘚」，卻能讓人感覺到山林的風景。

盡情享受小小缽內的樂趣吧！

和紙和苔蘚缽是絕配！

讓手掌大小般的缽吸引人目光的，
就是有手感的和紙。
以手撕紙所形成的纖維，
成為展現盆栽變化的最佳配角。

>> keshiki 02 ● 自然風

小小的苔蘚三重奏，
一起在窗邊曬太陽。

廚房的架子上排成一排的小盆缽。
木頭的溫暖和從窗外射入的陽光，讓苔蘚閃爍著光芒。
別忘了以噴霧器為它們補充水分唷！

>> keshiki 03 ● 西洋風

藍色的花紋和綠色的苔蘚，
真是明亮的對照！

雖然只是一個小小的盆栽，卻讓人無法忽視它的存在。
只是桌子上的一只小盆栽，
就可以成為讓人感到溫暖的重要主題。

p20 >> keshiki 01 ● 日本風

〔使用植物〕山蘇 　　〔缽的大小〕直徑5cm×高2.5cm

01 >>
鋁線穿過網子，通過缽底洞，將網子固定在缽底洞的內側。

02 >>
鋪缽底石（大粒的富士砂），到蓋住缽底網為止。

03 >>
填入調配土，直到低於缽緣5mm為止。

04 >>
一邊以噴霧器澆水，一邊以刮刀整平土壤，潮濕的土壤會變得有點黏性，苔蘚比較容易附著在土壤上。

05 >>
以手指摘除苔蘚背面的老蘚。

06 >>
植上數片苔蘚。苔蘚的斷面與斷面要緊密接合在一起。

07 >>
以衛生筷將突出缽緣的苔蘚塞入缽中。最後再以噴霧器給水後完成。

---

column 01

苔蘚的種類

苔蘚只是一個總稱。苔蘚的種類其實非常多，且依手感與色澤、形狀的不同，用於盆栽的苔蘚種類也不盡相同。選擇不同種類的苔蘚，創造不同的景色，讓景色盆栽更富自然之美吧！

①絲絨蘚
灰蘚科。顏色鮮綠，細緻而飽滿的絨毯般，摸起來膨膨的，手感很好，非常有魅力，搭配任何景色都適宜。

②灰蘚
灰蘚科。生長在石圍牆等地方，形成墊子般的群落，是匍匐性強的苔蘚。

③砂蘚
紫萼蘚科。像鑲嵌了星星般，有著纖細之美的苔蘚。喜歡陽光充足的地方，耐熱又耐旱，對初學者而言，是容易照顧的苔蘚品種。

④白髮蘚
白髮蘚科。因為一乾燥葉子就會變白，所以也有粗葉白髮蘚之稱。乾燥的時候是白黃綠色的，但太濕的時候就會變成深綠色。擁有很高參觀價值的京都西芳寺（又稱為苔寺）裡，就用了很多粗葉白髮蘚。

⑤細枝裂齒蘚
白髮蘚科。也稱為「山蘚」，自然的山苔生長在木頭或樹木的幹上，是耐乾燥的苔蘚。含著水分時是深綠色的，乾燥就變成白色的。

盆栽用語 ｜ **曲幹**：幹的形狀彎曲而立。

p21 >> keshiki 02 ● 自然風

〔使用植物〕絲絨蘚(Pylaisiella intricata)　〔缽的大小〕直徑3cm×高2cm

01 >>

鋁線穿過網子，通過缽底洞，將網子固定在缽底洞的內側。另外兩個缽也一樣鋪上網子。

02 >>

鋪缽底石(大粒的富士砂)，到蓋住缽底網為止。

03 >>

填入調配土，直到低於缽緣5mm為止。

04 >>

一邊用噴霧器澆水，一邊以刮刀整平土壤。如果沒有刮刀，用抹奶油的刀子也可以。

05 >>

以剪刀剪除苔蘚背面的老苔。極細的苔蘚不建議以手摘除。

06 >>

將苔蘚鋪在土壤上。以衛生筷將突出缽緣的苔蘚塞入缽中。以噴霧器給水。

p21 >> keshiki 03 ● 西洋風

〔使用植物〕山蘚　〔缽的大小〕5cm×5cm×高2.5cm

01 >>

銅線穿過網子了，通過缽底洞，將網子固定在缽底洞的內側。

02 >>

填入缽底石(大粒的富士砂)，到蓋住缽底網為止。

03 >>

填入調配土，直到低於缽緣5mm為止。

04 >>

一邊用噴霧器澆水，一邊以刮刀整壓平土壤。這樣苔蘚比較容易附著上去。

05

以手指摘除苔蘚背面的老苔。

>>

將比缽的面積略大的苔蘚，鋪在土壤上。

07

以衛生筷將突出缽緣的苔蘚塞入缽中。最後再以噴霧器給水。

盆栽用語　｜　**刻傷**：在枝或幹上刻出深且大的切口。

紅與綠相襯的耶誕節色彩。
放置在白色的磁磚上時，美得令人眼睛一亮！

土壤被苔蘚完全覆蓋了，所以看起來特別乾淨。
用這樣的景色盆栽來裝飾廚房，
就可以在溫和的空間裡享用美味餐點了。

>> keshiki 05　古典風

年輪蛋糕紋路的四方形缽，
舊的小器具與火柴盒。

在布滿手感、使用已久的古老物件裡，
苔蘚有著格外顯眼的美。
小缽的水分容易乾竭，須要每日澆水。

p24 >> keshiki 04 ● 自然風

〔使用植物〕山蘚　　〔缽的大小〕3cm×3cm×高5cm・5cm×3cm×高2.5cm

01 >>

鋁線穿過網子，通過缽底洞，
將網子固定在缽底洞的內側。

02 >>

填入缽底石(大粒的富士砂)，到
可蓋住缽底網為止。

03 >>

填入調配土，直到低於缽緣
5mm為止。

04 >>

一邊以噴霧器澆水，一邊以刮
刀整平土壤。這樣土壤會變得
有點黏性，苔蘚比較容易附著
在土壤上。如果沒有刮刀，改
以抹奶油的刀子也可以。

05 >>

以手指摘除苔蘚背面的老苔。

06 >>

手指輕輕按著苔蘚，小心地以
衛生筷將突出缽邊緣的苔蘚
塞入缽中。最後再以噴霧器給
水，就完成了。請以相同的作
法，完成另外一個缽。

column 02

「苔蘚」的挑選方法

健康的苔蘚有光澤，色彩鮮綠。但是，略帶褐色，顏色枯黃的苔
蘚，未必就不是好苔蘚。帶著褐色的苔蘚，並非是不能使用的苔
蘚，只要固定在土壤上好好栽培，顏色就會鮮綠起來。右圖為有點
枯黃感的苔蘚，並不是壞的苔蘚。

兩者都可以。

　　盆栽用語　**幹生枝**：指直接從樹幹長出葉子短枝。

p25 >> keshiki 05 ● 古典風

〔使用植物〕絲絨蘚　　〔缽的大小〕5cm×5cm×高2.5cm

01 >>

鋁線穿過缽底網與缽底洞，將網子固定在缽底洞的內側。

02 >>

鋪缽底石(大粒的富士砂)，到可蓋住缽底網為止。

03 >>

填入調配土，直到低於缽邊緣5mm為止。

04 >>

以衛生筷戳土壤，讓土壤內的空氣跑出來，消除土壤間的空隙。建議可多戳幾下。

05 >>

一邊以噴霧器澆水，一邊以刮刀整壓平土壤。這樣苔蘚比較容易附著上去。

06 >>

以手拿取比缽的面積略大的苔蘚，再以手指摘除苔蘚背面的老苔，然後鋪在土壤上。

07 >>

以衛生筷將突出缽緣的苔蘚塞入缽中，作成小山丘的樣子。

「苔蘚」的管理方法

苔蘚由葉子的表面吸收水分進行光合作用，根的作用只是讓苔蘚固定在土壤上而已，所以幾乎不會枯萎。如果是短間內就要使用的苔蘚，建議如右邊照片的上圖，將苔蘚放在浸濕的報紙上，以便隨時取用。但假使不是馬上使用，則可以像下圖那樣，可以把苔蘚放在透明的塑膠袋中乾燥，一年後再拿出來使用也沒有問題。只要使用前要先拿出來泡水三十分鐘，然後再鋪於土壤上。

盆栽用語　**草本缽**：山野草花的盆栽。

①在設計上活用鐵鏽及線條優美的燭台。盆栽與和蠟燭的屬性相投，創造出現代感的空間。

②岩清水先生來我的店裡，我們像和兄弟一樣地聊近況，笑聲不斷。

③鐵瓶、酒器系列的最新作「卵之子」。岩清水先生獨創的「修復灼傷」技巧所完成的作品。

④小燭台。活潑曲線的設計，非常可愛。

⑤使用「卵之子」煮出來的茶，味道與眾不同。冷掉時，依然能放在保溫爐上加溫。

岩清水久生

先生（鐵創藝術家）

讓景色盆栽更出色的藝術家們

01

十五年前，我第一次在書上看到岩清水先生的名字。後來岩清水先生在東京都內的百貨公司開展覽時，完全沒有見過面的我們，卻很自然地一見面就互相開口說：「是岩清水先生嗎？」、「是小林先生吧？」那真的是一次戲劇性的見面。雖然之前我曾經以自己服務公司的人員身分，打過數次電話給岩清水先生，但面對面地看到真人，卻是第一次。在一群人當中，我們毫不猶豫的就能認出彼此，這只能說真是令人訝異的事。

不久之後，石川縣七尾市的「高澤蠟燭店」辦活動，岩清水先生邀請當時剛剛獨立創業的我，成為那個活動的同伴。活動結束後，我們二人和布創藝術家高橋夜子小姐與店主基朗兄，四人一同前往和倉溫泉，共度了愉快的時光。

鐵因為生鏽處與鐵本身的特性，而有千變萬化的形狀與色澤，隱喻著最終還是要回歸於泥土、有懷古特性的素材。日文的「鏽」、「寂」同音，「鏽」是生鏽，「寂」是古雅；會生鏽的鐵，確實隱藏著幽雅、古樸的內涵。所以岩清水先生才會將鐵融入到「盆栽」或「和蠟燭」的世界，讓它們一體化。我可以理解岩清水先生的作法，也和他一起參加了多次的協作展。岩清水先生曾告訴我：「在接近沒有色彩的鐵的空間中，盆栽所帶來的色彩，有著不可或缺的存在性。」

岩清水先生所做鐵茶壺「卵之子」，曾經在德國得過獎。「卵之子」這個名字非常可愛，也很有現代設計感，透過這個作品，第一次體會到鐵的柔和之美。這類的作品如今已經成為岩清水先生的特徵。不過，第一個買照片⑤中楓木蓋子鐵壺的人，好像就是我。岩清水先生的自宅在橫濱，工作室在水澤，必須兩地奔波，生活得非常忙碌。但他每次回到自宅，總會慣例地找我去喝一杯，分享生活中的趣味。

>> Profile
岩清水久生●1964年出生於日本岩手縣盛岡。大學畢業後曾服務於環境設計公司，1996設計參與「ROJIASOSHIEITSU」的成立。1998年榮獲德國「Internationale Frnkfurter Messe ' 98 Ambiente」設計獎。作品多次獲得日本國內手工藝展的優秀獎，2000年起也可以在MOMAshop見到岩清水先生的作品。岩清水先生現在一邊忙於岩手縣奧州市水澤區的創作工作，並忙著在日本各地辦展覽。

岩清水先生的作品組合冊。右邊的燭台創作靈感來自充滿嚴肅氣息的教堂十字架。

part 2

「苔蘚植物」和「木本植物」的
景色盆栽

「苔蘚」搭配枝幹個性豐富的「木本植物」，
可以造就出風景雄偉或有景深感的景色！
盆栽裡的「木本植物」，能讓我們欣賞到季節轉換，感覺到大自然就在身邊。

欣賞白色器皿裡的鮮綠！
在附近公園裡發現的小自然，移放到盆缽裡。

這是可以放在手掌中，
怎麼看也看不膩的風景。

>> keshiki 07 ● 西洋風

凜然站立在白色的階梯上，
這是日本扁柏之美！

階梯上象徵性的一棵樹，它的存在不容忽視，
讓上階梯變成快樂的事情。

p30 >> keshiki 06 ● 自然風

〔使用植物〕山楓、山蘚　　〔缽的大小〕直徑6cm×高3cm

01 >>
安裝缽底網，鋪上缽底石(大粒的富士砂)後，填入調配土到可以蓋住缽底石為止。

02 >>
從盆中取出山楓，以鑷子挑落表面的土和附著在根上的土。以鑷子的尖端挑落土壤。

03 >>
決定植物放置於缽中的位置。以讓樹枝朝著內側般，將植物放在中央偏外側的位置。

04 >>
決定位置後，以手扶著植物，再填入土壤。以衛生筷一邊戳，一邊填滿土讓中的空隙。

05 >>
一邊以噴霧器澆水，一邊以刮刀整平土壤。覺得土壤完全濕透就可以了。

06 >>
手拿苔蘚，並以手指摘除苔蘚背面的老苔。

07 >>
鋪上苔蘚。在苔蘚上加入切痕，夾入植物的根部。以衛生筷將突出缽緣的苔蘚塞入缽中，再鋪上不同大小的苔蘚，調整盆栽的景緻。

08 >>
以小粒的富士砂作為化妝砂，填入縫隙。

09 >>
最後以噴霧器澆水，並以指尖調整全體後完成。

column 04

「木本植物」的種類

大致上可以區分為秋天到冬天時會落葉木本，和一年四季常綠的常綠木本。落葉木本植物的葉子大多會由綠變黃，再轉為紅色，讓我們清楚地感覺到季節的變化就在自己的身邊進行。落葉後樹木的姿態，或春天來時枝頭冒出新芽的姿態，都是欣賞的樂趣。而常綠木本植物的種類豐富，各有不同的葉形或樹形，任君選擇。

右：會落葉的姬沙羅(姬紫莖)。落葉木本還有楓、土佐水木(穗序蠟瓣花)、疏花鵝耳櫪等等。
左：常綠的五葉松。常綠木本還有日本扁柏、黑松、馬醉木等等。

盆栽用語｜化土：黑褐色凍土狀、有粘著性的柔軟土壤。

p31 >> keshiki 07 ● 西洋風

〔使用植物〕日本扁柏、山蘚　　〔缽的大小〕直徑13cm×高10cm

01 >>
安裝缽底網，鋪上缽底石(大粒的富士砂)蓋住網子。填入調配土至缽的三分之一高度左右。

02
從盆中取出日本扁柏，以鑷子挑落表面的泥土和附著在根上的泥土。小心不要傷到根。

03 >>
移入缽中，根頭與缽口同高，填入土壤到可以完全掩蓋根部。以手扶著樹，固定樹的位置。

04 >>
以衛生筷戳土壤，填補土讓中的空隙。在樹木固定好前，以手從反方向支撐著樹。

05 >>
一邊以噴霧器澆水，一邊以刮刀整壓平土壤。覺得土壤已完全濕透，就可以鋪上苔蘚了。

06 >>
以手指摘除苔蘚背面的老苔。在苔蘚上作出切口，以夾入植物的根部。用一些小苔蘚補鋪切口，作成小山丘的景色。

07 >>
手輕按著苔蘚，以衛生筷將突出缽緣的苔蘚塞入缽中。

08 >>
以小粒的富士砂作為化妝砂，填入縫隙。一邊轉動盆缽，一邊慢慢填入化妝砂。

09 >>
一邊以噴霧器澆水，一邊以刮刀整理化妝砂。最後充分澆水到缽底洞會流出水為止。

右：樹幹扭曲的黑松。
左：樹幹筆直生長的日本扁柏。

雖然是同種的樹，也有各式各樣的樹形。選擇自己喜歡的栽種吧！

column 05

「木本植物」的選擇方法

首先觀察幹、枝、葉，選擇幹、枝、葉有精神的植株。確認葉子上是否有蟲吃過的痕跡，或有病變的跡象，選擇缽土上沒有很多落葉的小樹。狀況不良的植株會藉著落葉來保護自己，所以以落葉的情形是必須注意的地方。接著要觀察的是植株的樹形，樹形有筆直生長的，也有充滿表情的扭曲生長著，每種樹形都各有趣味。另外，即使是同種的樹，枝的生長姿態也是各有各的形狀。選擇自己喜歡的植株吧！

>> keshiki 08 ● 日本風

既然是盆栽，
那就享受扭動枝幹所帶來的樂趣吧！

把老舊、已經變黃的葉子，
摘除得乾乾淨淨，
這是植栽的要訣。

>> keshiki 09 ● 自然風

在銀色的器皿裡，
重現小高丘的風景。

據說光蠟樹有清淨空氣的功能。
一只小小的缽，
就能給房間帶來愉快的氣氛。

p34 >> keshiki 08 ● 日本風

〔使用植物〕赤松、山蘚　　〔缽的大小〕直徑13cm×高10cm

01 >>
安裝缽底網，鋪上缽底石（大粒的富士砂）遮住網子，填入調配土到缽的三分之一高度左右。

02 >>
以鑷子摘除變成褐色的枯乾赤松葉子。留著枯葉的話，會破壞完成的作品的美感。

03 >>
從盆中取出植株，以鑷子挑落表面的土和附著在根上的土。糾纏在盆底的根也要小心地挖出來。

04 >>
挑落舊土到圖中的程度即可，以剪刀剪掉太長的根。

05 >>
決定位置。因為樹枝往右側生長，所以栽種的位置要偏左。觀察傾斜枝的姿態，栽種於可以維持平衡感的位置上。

06 >>
填土。以衛生筷戳實土壤，填滿空隙。

07 >>
一邊以噴霧器澆水，一邊整平土壤，讓土壤充滿水分。

08 >>
手拿取配合缽大小的苔蘚，除去內側的老苔，在苔蘚上作出切口，夾入植株的根部。以衛生筷將苔蘚的邊緣塞入缽中。

09 >>
使用鏟口細的鏟子，以小粒的富士砂作為化妝砂，填入縫隙。

10 >>
一邊以噴霧器澆水，一邊以刮刀整平化妝砂，直到缽底會滲透出水來為止即完成。

來學剪葉的方法吧！

盆栽的剪定法有相當的困難度，在此先介紹一些整理葉子的簡單方法。只要能整理好葉子，讓植株看起來舒爽，就能完成一個漂亮的盆栽了。

before

after

●以紫金牛為例

①　　　　②

①將枯黃的葉子往下扯去。
②除去比果實低的葉子，凸顯出果實的存在。

盆栽用語　｜　**栽景**：藉著樹木與石頭的擺置，於盆缽中營造出天地自然的縮圖風景。

〔使用植物〕光蠟樹、山蘚 〔缽的大小〕直徑7cm×7cm×高9cm

01 >>

安裝缽底網，鋪上缽底石（大粒的富士砂）遮住網子。填入調配土至可以蓋住缽底石的程度。

02 >>

從盆中取出光蠟樹苗，以鑷子挑落表面的土和附著在根上的土，這樣就可以看清楚根生長的情況。

03 >>

以剪刀剪掉太長的根。但此時要注意手指不要碰觸到根，因為手指的溫度會成為樹根受到傷害的原因。

04 >>

將光蠟樹的植株放在缽的中間並填土。因為樹枝往各個方向平均生長，所以判斷可以栽種在缽的中央。

05

以筷子戳土壤，填滿土壤中的空隙。

06 >>

一邊以噴霧器澆水，一邊壓平土壤。為了營造出森林的氣氛，可以摘除下方的葉子。

07 >>

以手摘除苔蘚內側的老苔。因為要作出小高丘的樣子，所以苔蘚的厚度要夠。請注意：過度摘除老苔的詁，會讓苔蘚變薄。

08 >>

在苔蘚上作出切口，夾入植株的根部。如果切口多，就會出現凹凸的模樣，風景的表情就更豐富了。

09 >>

填入鞍馬砂（P.64）作為化妝砂。

10 >>

一邊以噴霧器澆水，一邊以刮刀整平化妝砂，直到缽底會滲透出水來時，就完成了。

●以龍柏為例

① ②

①以手摘掉往外凸出的新芽。
②小心地摘掉新葉芽，製造出圓弧形的模樣。

●以黑松為例

剪掉多餘的葉子，除了避免葉子搶走養分外，更能凸顯出樹枝的美。

before
after

before
after

盆栽用語 | **扦插**：剪下樹枝的尖端，插入土中，讓樹枝長出根。

>> keshiki 10 ● 西洋風

在形狀瘦高的鉢裡，
建造一座小山丘的風景。

橫著長的枝婉蜒曲折，
那是在扭捏撒嬌的姿態，
小小的葉子更是惹人憐愛。

>> keshiki 11 ● 古典風

紫色的果實加上綠色的葉，
讓人聯想到茂盛的草原。

以玻璃盆缽讓人欣賞四季趣味的迷你盆栽。
為了欣賞到枝形之美，
必須剪掉從下面長出來的小枝。

p38 >> keshiki 10 ● 西洋風

〔使用植物〕疏花鵝耳櫪、山蘚　　〔缽的大小〕直徑6cm×高8cm

01 >>

鋁線通過缽底網，穿過缽底洞，固定在缽底的內側，可以防止蟲侵入。

02 >>

鋪缽底石(大粒的富士砂)到缽的三分之一高度左右。如果缽不高，那麼只要鋪到可以蓋住缽底網即可。使用較高的缽時，就可以鋪得高一點。

03 >>

填入調配土直到可以蓋住缽底石為止。

04 >>

將疏花鵝耳櫪從盆缽中取出。拿著根頭，壓住盆缽底，就可以輕鬆地取出來了。

05 >>

以衛生筷挑掉表面或附著在根上的泥土。也可以以鑷子挑，但因為鵝耳櫪的根短，不會糾結在一起，所以建議衛生筷就可以了。

06 >>

觀察樹木的姿態，決定栽種的位置。決定位置後，手拿穩根部並填入調配土，以固定樹的位置。

07 >>

以衛生筷戳土壤，填補土壤內的空隙。

08 >>

一邊以噴霧器澆水，一邊以刮刀整平土壤表面，讓土壤都能平均地吸收到水分。

09 >>

以手摘除苔蘚內側的老苔，作出切口，夾入植物的根部。

10 >>

以衛生筷將突出缽緣的苔蘚塞入缽中，為了避免苔蘚移動，以手指輕壓苔蘚。

11 >>

在有空隙的地方鋪鞍馬砂(P.64)作為化妝砂。一邊轉動缽，一邊鋪鞍馬砂。這個動作不僅可以蓋住土壤，更可使裝飾在屋內的盆栽更美。

12 >>

一邊以噴霧器澆水，一邊以刮刀整平表面。最後再澆水就完成了。

　　盆栽用語　│　**三幹**：從同一根部，長出三支直立樹幹的樹形。也有五幹、七幹，甚至多幹的樹形。

p39 >> keshiki 11 ● 古典風

〔使用植物〕紫珠、山蘚 〔缽的大小〕13cm×11cm×高7cm

01 >>

將缽底洞上安裝缽底網。以鋁線穿過網子，將網子固定在缽底的內側。

02 >>

鋪上足以遮蓋住網子的缽底石。

03 >>

填入調配土到可以蓋住缽底石為止。

04 >>

從盆缽內移出樹苗前，必須先以鑷子小心地去除生長在土壤表面上的雜草。

05 >>

樹苗移出後，像削去似的以鑷子削落表面上的苔蘚。苔蘚上容易附著小蟲，儘管看起來乾淨，還是把舊的苔蘚去除掉比較好。

06 >>

以鑷子挑落附著在根上的土，直到能夠理開根就可以了。

07 >>

將樹苗植入新的缽中，以手輕輕按著根頭，加土。

08 >>

以衛生筷一邊戳土，一邊補滿根縫隙間的土。儘量填滿土，不要有縫隙。

09 >>

鋪苔蘚。以手摘除苔蘚背面的老苔，再鋪在土壤上。以衛生筷將苔蘚的邊緣塞入土中。

10 >>

一點點地補上苔蘚。以筷子塞苔蘚邊緣，漂亮地接合苔蘚與苔蘚，營造出小丘的景色。

11 >>

鋪好後的苔蘚，以剪刀修剪老枝，整理樹形後，進行澆水的工作，澆到缽底洞會排出水為止即完成了。

① 裝飾在李氏朝鮮時期櫃子上的橋場先生作品,和用心栽培的盆栽,共同創造了令人好心情的空間。

②隨時都很爽朗而時髦的橋場先生。雖然下一次的展覽會在即,仍然痛快地與我暢談。

③展示在開放架上的作品與鮮花。華麗的香水百合花,與描繪著百濟觀音像的作品,搭配得格外協調。

④五尊中國神像和橋場先生的作品「無題」。直立著的神像,看似正在為自己進行驅邪的儀式呀!

橋場信夫 先生 (現代美術藝術家)

讓景色盆栽更出色的藝術家們

02

　　橋場先生的作品帶著金屬的質感,但他的作品其實是使用紙黏土製作出來的;他將紙黏土黏塗在畫布上,再以鐵粉或古樸的銀粉或金漆上色。他就是以這樣的技法,完成了獨特的作品。以小點點描繪出的作品,象徵構成地球上各個物質的基本粒子,每一個揉搓成圓球的紙黏土上,都刻畫著揉搓時的指紋。這樣作品的由來,據說來自二十七年前橋場先生在法國的拉斯科岩洞裡所見到的「手印」。「手印」是當時描繪壁畫的人所留下來的,證明了描繪壁畫的人的存在,並且深深打動了橋場先生的心,從此以後,橋場先生便會在自己的作品中,留下證明自己存在的「刻印」。

　　三年前,我在東京某個百貨公司所舉辦的「思考現代的床」展覽會中,初次見到橋場先生。當時我參加的是那個展覽旁邊,以「思考現代的庭園」為主題的展覽會。我在那個會場裡看到橋場先生的作品「彩色浮雕」時,被吸引到古雅的境界之中,立刻感覺到好像可以他的作品,通往我製作的盆栽世界。橋場先生不誇示歷史,嚐試以現代社會的形式來表現作品的作風,這和我努力的目標是一致的。橋場先生說:「小林先生的作品好像把空間都捲進去了。」其實橋場先生的作品也是這樣的。裝飾在牆壁上的橋場先生的畫和景色盆栽,與刻畫著歷史的家具所編織起來的空間,讓人心情愉快而且感受到深度的美感。我期待重視彼此的存在,並且能夠相互襯托的橋場先生作品與景色盆栽世界,今後還會有更好的合作。

\>>襯托景色盆栽的藝術作品

>> Profile
橋場信夫●1950年出生於日本東京,在日本各地舉辦過多次個展,也參與不少聯展。國外的話,曾在法國參加過聯展,紐約、上海的藝廊也可以見到他的作品。1996年起,他開始與川瀨敏郎的花進行合作,接受許多大企業與飯店旅館的委託,創作裝飾性的作品。
http://www.nobuo-hashiba.com

　　盆栽用語　棄石:在山裡、小溪、路邊的石頭,也叫做固根石。

part 3

「苔蘚植物」、「木本植物」、「草本植物」的景色盆栽

終於進階到挑戰「草本植物」的盆栽了。

花兒楚楚動人、讓人愛憐，是盆栽的主角，而葉下的雜草則是襯托花朵惹人憐愛的重要配角，

但主角與配角同等重要。

充分享受缽中的自然景趣吧！

>> keshiki 12　　古典風

**小時熟稔的山野風景，
變成了缽內的景致。**

去除野薔薇根部附近的刺再栽種，
再在野薔薇的腳下種一些姬石楠，
增添山野的景致。

>> keshiki 13 ● 自然風

從壺形的鉢裡長出來的草。
靜靜欣賞那葉子的倔強之美！

草本植物與鉢融為一體，
帶來令人愉悅的整體形狀之美。
把它放在書架中，空氣立刻變得柔和起來了。

>> keshiki 14 ● 日本風

筆直地向上生長，
木賊的線條夠帥！

以三種草本植物，
描繪樹林與水邊的風景。
莖直而纖細的草本植物，
原則上必須洗根。

p44 >> keshiki 12 ● 古典風

〔使用植物〕姬石楠、野薔薇、山蘇　　〔缽的大小〕7cm×7cm×高9cm

01 >>
安裝缽底網，鋪上缽底石(大粒的富士砂)遮住網子，填入調配土到缽的三分之一高度處。

02 >>
從盆中移出野薔薇苗，以鑷子挑落表面和附著在根部的土，並摘除根部附近的刺。

03 >>
以鑷子一邊小心地梳理根，一邊剔除舊土至如圖的程度。

04 >>
從盆中移出姬石楠的植株，在盛水的容器內洗根。一邊以手指剝落舊土，一邊梳理根部。

05 >>
決定缽中姬石楠和野薔薇的位置後，進行填土；填土時，一邊以衛生筷戳土，一邊填滿土中的空隙。

06 >>
填土到缽緣下5mm處為止。然後一邊以噴霧器澆水，一邊整平土壤。

07 >>
除去苔蘚背面的老苔，把苔蘚鋪在土壤上，以衛生筷把苔蘚邊緣塞入缽中，調整形狀。

08 >>
以小粒的富士砂作為化妝砂，填入縫隙。一邊以噴霧器澆水，一邊以刮刀整平化妝砂，澆完水後就算完成了。

p45 >> keshiki 13 ● 自然風

〔使用植物〕姬石菖蒲、山蘇　　〔缽的大小〕直徑8cm・口徑4cm×高6cm

01 >>
安裝缽底網，鋪上缽底石(大粒的富士砂)遮住網子，填入調配土到缽的三分之一高度左右。

02 >>
容器內盛水，在水中洗由盆中移出來的姬石菖蒲根部。以手指輕輕觸碰，洗落附著在根部的土。

03 >>
請小心不要讓根突出缽口，以衛生筷小心地把根塞入缽裡面。

04 >>
手支持著苗固定住，慢慢填土。

05 >>
以衛生筷把土塞入縫隙。因為是壺形的缽，所以一定要確定土壤確實填滿壺內才行。

06 >>
一邊以噴霧器澆水，一邊整平土壤，然後鋪上苔蘚。苔蘚要先去除背面的老苔後，才可以使用。

07 >>
以衛生筷把苔蘚邊緣塞入缽中，調整形狀，澆水即告完成。

　　　　盆栽用語　**剪定**：為了維持植株的外形，必須剪掉長過頭的徒長枝，或形狀太搶眼，或過多的枝。這個動作就叫剪定。

p45 >> keshiki 14 ● 日本風

〔使用植物〕木賊、五葉黃蓮、藍花草、山蘇　　〔缽的大小〕直徑36cm×高10cm

01 >>

安裝缽底網，鋪上缽底石（大粒的富士砂）遮住網子，填入調配上到缽的三分之一高度左右。

02 >>

出盆中取出木賊苗，以鑷子挑落表面的土和附著在根上的土，像在梳理根部一樣地挑落土。

03 >>

從盆中取出藍花草苗，放入盛了水的容器中，洗去根上的土。

04 >>

如圖中曲折毛巾的邊端，把苗的根部放在凹處，讓毛巾吸收多餘的水分。五葉黃蓮的根部也進行相同的處理。

05 >>

在維持缽的平衡下，決定好各苗株的位置。木賊分株為大中小三叢，大叢在前，中叢在右後，小叢在左後。

06 >>

填土到缽緣下一公分處。以手指輕壓土壤，讓苗株不致於鬆動再以筷子戳土壤，填滿土壤間的空隙。

07 >>

一邊以噴霧器澆水，一邊整平土壤，讓土壤充滿水分。

08 >>

鋪上苔蘚。除去苔蘚內側的老苔，以筷子稍微抬起苗株，把在苔蘚置入苗株的離隙中，讓地面呈現凹凹凸凸的樣貌，亦可在離開植物一點的地方作一座小山。

09 >>

以小粒的富士砂作為化妝砂，放在土壤上，小心地將土壤完全遮蓋起來。

10 >>

一邊以噴霧器澆水，一邊以刮刀整平表面，讓土壤完全潮濕。加了足夠的水後，就完成了。

---

column 07

「草本植物」的選擇方法

以手拿著植株觀察，確定植株的根不會晃動，整株看起來很有精神，這樣基本上就是好的植株了。植株的根部健康，就會長出胖胖的花苞或新芽，花和葉的顏色也會漂亮。

有很多花苞的植株

能長出這麼多花苞，證明這是一株健康的植株。移植到缽中後，就可以欣賞到花開時的美麗了。

沒有枯葉的植株

被葉子擋住的部分也要檢查。撥開上面葉子檢查，如果沒有發現枯葉，就沒問題了。

從根部冒出有顏色花芽的植株

會從根部冒出有顏色花芽的植株，也是好的植株。這是植株健康的證明，可以放心的植栽。

>> keshiki 15 ● 自然風

雅緻缽中的茂密森林！
邀請朋友一同欣賞這般的風景。

植栽這盆缽的重點是——
讓姬山菊像是從南天竹的根部長出來一樣。
另外，勤澆水就可以缽內的植物長得更茂盛。

**黃銅缽的盆栽,看起來特別有氣勢,
創造如男性堅毅特質般的盆栽。**

摘除老葉後的山笹,
看起來非常清爽。
洗根之後,剪掉細根,
以化土包著根部,保護起來。

**擺放於桌子上作為飾品時,
彷彿看見隨風搖曳的景致。**

光蠟樹洗根後,
分株成數株再使用。
好像要夾住姬石菖蒲般,
將光蠟樹種在兩旁。

p48 >> keshiki 15 ● 自然風

〔使用植物〕姬山菊、南天竹、山蘚　　　〔鉢的大小〕直徑18cm×高7cm

01 >>
安裝鉢底網，鋪上鉢底石（大粒的富士砂）遮住網子，填入調配土到鉢的三分之一高度左右。

02 >>
從盆中取出南天竹苗，以鑷子挑落表面的土和附著在根上的土。

03 >>
清除附著在根上的土如上圖的程度，以剪刀剪掉過長的根。

04 >>
從盆中取出姬山菊苗，洗根。在盛水的容器，以手指輕輕剝落表面的土和附著在根上的土。

05 >>
讓南天竹的根好像是從姬山菊長出來一般，將兩種植物的苗合在一起，植入鉢中，再填土。

06 >>
以筷子戳土壤，填滿土壤間的空隙。扶著葉子，讓苗不會移動。填土的時候，一邊以噴霧器澆水，一邊整平土壤，讓土壤充滿水分。

07 >>
除去苔蘚背面的老苔，鋪苔蘚，一邊以筷子將苔蘚的邊緣塞入土中，一邊鋪配小配件，營造景色。

08 >>
以小粒的富士砂作為化妝砂，填入縫隙。

09 >>
一邊以噴霧器澆水，一邊以刮刀整平化妝砂，加足水，土壤完全潮濕後就完成了。

　　盆栽用語　｜　立枝：從主枝長出，和幹平行的枝。

p49 >> keshiki 16 ● 日本風

〔使用植物〕山笹、硃砂根(百兩)、山蘚　　〔缽的大小〕直徑6cm×高7cm

01 >>
安裝缽底網,鋪上缽底石(大粒的富士砂)遮住網子,填入調配土到缽的三分之一高度左右。

02 >>
以鑷子挑落硃砂根表面和附著在根上的土。在盛水的容器內洗山笹的根、梳理根部。

03 >>
山笹的洗根到如上圖的程度即可,以剪刀剪地下莖。看起來像鬍鬚一樣細的是根,粗的是地下莖。

04 >>
剪好後,以化土把根完全包裹住般,這是保護根的動作。

05 >>
把硃砂根和以化土包裹著根部的山笹一起放入缽中,然後填土。再以衛生筷戳土壤,填補土中的空隙。

06 >>
一邊以噴霧器澆水,一邊整平土壤,讓土壤充滿水分,這樣更容易鋪上苔蘚。

07 >>
除去苔蘚背面的老苔,像要營造一座小丘般地鋪上苔蘚。以筷子將苔蘚的邊緣塞入缽中。

p49 >> keshiki 17 ● 西洋風

〔使用植物〕姬石菖蒲、光蠟樹、山蘚　　〔缽的大小〕直徑10,口徑7cm×高5cm

01 >>
安裝缽底網,鋪上缽底石(大粒的富士砂)遮住網子,填入調配土到缽的三分之一高度左右。

02 >>
從盆中取出光蠟樹苗,以鑷子挑落表面的土和附著在根上的土,梳理根部。

03 >>
挑落舊土到這個程度即可,只取需要的部分,剩下的放在別的缽中栽培。請小心:分株的時候不可用力拉扯。

04 >>
從盆中取出姬石菖蒲,在盛小的容器中洗根。以手指輕輕清洗,洗到如上圖的程度就可以了。

05 >>
像要夾住姬石菖蒲一樣,硃砂根放在姬石菖蒲的左右兩邊。請注意枝的動態,平衡地安排硃砂根的位置。

06 >>
填土。以筷子戳土壤,填補土壤間的空隙。一邊以噴霧器澆水,一邊整平土壤。

07 >>
鋪苔蘚。除去苔蘚內側背面的老苔後,鋪在土面上,作出景致。

08 >>
以筷子將苔蘚的邊緣塞入土中。苔蘚鋪好後,澆水後即完成。

盆栽用語　**段石**:讓平坦的山丘變成一階階般的石頭。

>> keshiki 18 ● 日本風

具有分量的植物，
宜搭配栽植於具厚重感的缽中。

重現在旅途中，
突然抬頭看到的自然之姿！
大樹之下好乘涼，
這是令人想坐下來休息一下的好風景！

象徵「轉危為安」的南天竹，
和色澤鮮豔的果實擺在一起，
既喜慶又華麗！

筆直生長的幹與紅色的果實，
和紅色的葉子有著絕妙的平衡感。
缽底到南天竹的高度，是整個盆栽高度的一半。

p52 >> keshiki 18 ● 日本風

〔使用植物〕姫石楠、細葉情人菊、山蘚 〔缽的大小〕直徑20cm×高6cm

01 >>
安裝缽底網，鋪上缽底石(大粒的富士砂)遮住網子，填入調配土到缽的三分之一高度左右。

02 >>
從盆中移出細葉情人菊植株，以鑷子耐性地仔細挑落表面的土和附著在根上的土。

03 >>
由三個盆中取出姫石楠植株，放入盛了水的容器中，以手指輕輕洗去根上的土。

04 >>
決定植株在缽中的位置。觀察枝與葉的姿態，平衡地把植株放在適當的位置。

05 >>
填土，以衛生筷戳土壤，填補土壤中的空隙。以手支撐植物，使植物不致移動。使土壤中沒有空隙，植物就能好好固定在土壤中了。

06 >>
一邊以噴霧器澆水，一邊整平土壤，讓土壤充滿水分，使苔蘚容易鋪上。

07 >>
鋪苔蘚。為了營造出山林的景色，要做數個茂盛的苔蘚山，並以衛生筷把苔蘚邊緣塞入缽中。

08 >>
以小粒的富士砂作為化妝砂，鋪在苔蘚的空隙中。一邊以噴霧器澆水，一邊以刮刀整平表面，澆完水後就完成了。

column 08

「草本植物」的種類

拿來植缽的草木植物，主要分為兩大類——觀葉草本植物與觀花、果草本植物。這些植物的天性有的是往上生長的，有的是往旁邊匍匐生長的，也有呈扇形生長的……製作景色盆栽時，應該先考慮到想要呈現的缽中風景的布置問題，然後再依自己心中的架構，選擇栽種的植物。

觀花、果的草本植物
從左起，依序是寒菊(雖小卻華麗而有分量感)、紫金牛(有紅色鮮豔的果實)、和藍花草(楚楚可憐的白色小花)。

觀葉的草本植物
從左起依序是小熊笹(葉薄而葉尖尖銳)、五葉黃蓮(葉子有鋸齒狀)、小花仙客來(葉型較圓，葉上有斑紋)、木賊(筆直向上生長的葉子)、白龍(有白色紋的細長葉子)。

盆栽用語 ┆ **直幹**：幹從根頭長出，筆直地往上生長的姿態。

p53 >> keshiki 19 ● 古典風

〔使用植物〕五葉黃蓮、硃砂根(萬兩)、南天竹、山苔　〔缽的大小〕直徑13cm×高7cm

01 >>
安裝缽底網，鋪上缽底石(大粒的富士砂)遮住網子，填入調配土到缽的三分之一高度左右。

02
從盆中取出硃砂根植株，以鑷子挑落表面的土和附著在根上的土。

03 >>
從盆中取出南天竹植株，以鑷子挑落表面的土和附著在根上的土。

04 >>
從盆中取出五葉黃蓮苗，放入盛了水的容器中洗根，以手指輕輕洗去根上的土。

05 >>
決定好各株植的配置。按照硃砂根→南天竹→五葉黃蓮的順序，營造出濃密森林的景色。

06 >>
填土。以筷子戳土壤，填滿土壤間的空隙，一邊以手按著植物，一邊填土。

07
一邊以噴霧器澆水，一邊整平土壤，讓土壤充滿水分。

08 >>
鋪上苔蘚。除去苔蘚內側的老苔，苔蘚上作出切口，夾入植株的根部，以衛生筷把苔蘚的邊緣塞入缽中，澆水即完成。

---

column 09

「草本植物」的分株法

買回來的盆苗如果分量太多時，一邊觀察根的情況，一邊鬆落根上的土，剪開連結在株與株之間的根(如果沒有連結在一起，直接分開就可以了)，就能簡單地完成分株的工作了。分成小株後，就可以依風景的變化，一株一株，或兩株合起來地使用了。

1 從一株開始(斑葉玉龍草的盆苗)。

2 以鑷子挑落土壤，直到看到根為止。

3 剪開株與株相連的根。

4 分株後，一株變成了這樣的九株。

盆栽用語　**直根**：從根頭直直地往下生長的根。也稱為牛蒡根。

>> keshiki 20 ● 西洋風

迷人而可愛的迷你盆栽，
為下午茶的時間增添樂趣。

展現馬醉木樹枝的美麗要訣，
就是整理葉子，
讓葉子簡單化。
挑選有斑葉的草本植物的盆栽，
顯得特別華麗。

>> keshiki 21 ● 古典風

用力往上生長的枝多麼雄壯有力，
這是一款充滿存在感的盆栽。

像從草叢裡長出來的一棵大樹！
不覺得是小盆栽，
非常有質量感的生長方式，
讓室內洋溢著大自然的氣息。

p56 >> keshiki 20 ● 西洋風

〔使用植物〕野薔薇(斑葉)、馬醉木(斑葉)、山蘚　　〔缽的大小〕直徑13cm×高4cm

01 >>
安裝缽底網,鋪上缽底石(大粒的富士砂)遮住網子,再填入調配土到可以蓋住缽底石的程度缽的三分之一高度左右。

02
從盆中取出馬醉木植株,以鑷子挑落表面的土和附著在根上的土。

03 >>
整理馬醉木的葉子。生長在枝交叉處的葉子一定要摘除,會擋住莖的線條的葉子,也必須適度地摘除。

04 >>
從盆中取出野薔薇植株,和處理馬醉木的根相同,以鑷子挑落表面的土和附著在根上的土。

05 >>
馬醉木的位置在右後方,野薔薇的位置在前面。填土,以筷子戳土壤,填滿土壤間的空隙。

06 >>
一邊以噴霧器澆水,一邊整平土壤,讓土壤充滿水分。

07 >>
鋪上苔蘚。除去苔蘚內側的老苔,苔蘚上作出切口,夾入苔株的根部,以衛生筷把苔蘚的邊緣塞入缽中。

08 >>
以小粒富士砂作為化妝砂。一邊以噴霧器澆水,一邊整平化妝砂,最後澆水即完成。

p57 >> keshiki 21 ● 古典風

〔使用植物〕五葉黃蓮、馬醉木、山蘚　　〔缽的大小〕直徑14cm×高10cm

01 >>
安裝缽底網,鋪上缽底石(大粒的富士砂)遮住網子,填入調配土到缽的三分之一高度左右。

02 >>
從盆中取出馬醉木植株,以鑷子挑落表面的土和附著在根上的土。

03 >>
摘除馬醉木的枯葉。將已經變成褐色的葉子,一片片小心地摘除。這個動作可以讓完成後的盆栽更漂亮。

04 >>
從盆中取出五葉黃蓮植株,放入盛了水的容器中洗根,以手指輕輕洗去根上的土。

05 >>
將馬醉木的植株放在右後方,五葉黃蓮的放在馬醉木的根上。填土,以筷子戳土壤,填滿土壤間的空隙。

06 >>
一邊以噴霧器澆水,一邊整平土壤,濕透的土壤更能吸附住鋪在土壤上的苔蘚。

07 >>
除去苔蘚內側的老苔,從馬醉木的根頭部開始鋪苔蘚。把大塊的苔蘚鋪在前面,這樣會產生景物前後交錯的效果,讓風景變得有深度。

08 >>
以小粒富士砂作為化妝砂。鋪在有空隙的地方,然後一邊以噴霧器澆水,一邊整平化妝砂,澆水後即完成。

　　盆栽用語　│　**分粒**:以篩子篩,區分顆土的大小。

「苔蘚」、「木本植物」、「草本植物」的搭配祕訣

要創造一個盆栽時，是要從自己記憶中的景色裡尋找適當的植物，還是選擇自己喜歡的植物，來營造景色盆栽比較好呢？老實説，兩者都好。不過，為了更凸顯盆栽的景色，如何配置植物的位置，才是重點了。這裡所介紹的簡單例子，可以作為讀者們營造景色時的參考。

營造出森林慢慢往旁展開的印象
樹木從草叢裡穿出、伸展。前面種植茂密的草叢，樹木配置在草叢後面。前面的草叢可以創造出遠近交錯的效果。

營造山的表面長滿草的印象
走著走著，便走過了林中小徑，小徑的後面是一大片森林。以苔蘚鋪出山的表面，小徑是苔蘚與苔蘚的接縫處。以草本植物表現森林的入口處，木本植物表現後面廣大的森林。這樣的景色，是腦海中走在山中小徑時的記憶。

營造後山雜木林的印象
後山雜木林的野地上，到處是野花的景象。那是小時候看過的景色，或者説那是日本古老故事裡常描述的風景。把那樣的風景作成了盆栽。以苔蘚作出有實質感具厚度的小山丘，樹下種著柔和的草木植物，這真是一幅讓心情平靜的風景。

我的挑戰也完成了！

①每一個「板作」作品，都充滿現代藝術風氛圍。

②「完成了！」、「做得很不錯嘛！」得到矢島小姐的誇獎，我高興極了。

③放入陶土鈴鐺的茶杯，已經成為矢島小姐的商標，一拿在手上就有聲音。

④在矢島小姐的住家兼工作室裡。我們暢談了陶器、音樂……甚至聊及與父親有關的話題。

矢島美途 小姐（陶藝家）

讓景色盆栽更出色的藝術家們

03

三年前，我在一個展示會上初次見到矢島小姐，並且欣賞了她的作品。那是我們的初識，當時我對矢島小姐作品的印象便是「有個性，而且很有現代感」。不久之後，我又在某百貨公司的展示會裡，再次與矢島小姐相見；那時我準備在關西的百貨公司開展示會，正在為這個展示會尋找協作的創作者。當下我有「這不是偶然，而是必然」的感覺，便邀請矢島小姐參與展示會，矢島小姐也很爽快地答應了。因為這個契機，我們一直來往到現在。

矢島小姐的作品大多形狀鮮明，或呈現幾何圖形。她的作品都是將粘土切成板狀，再作成形狀的「板作」手法完成的。線條俐落而輕快的作品，給人現代藝術風的時髦印象。以這樣的器皿來表現「景色盆栽」，成為室內的裝飾品後，確實地能將流行的摩登元素帶進室內。

另外，矢島小姐所作的茶杯不僅可以拿來喝茶，還可以把陶土燒成的鈴鐺放在杯中，聽搖晃時發出來的聲音。可以當容器拿來盛茶，可以當藝術品拿來觀賞，也可以當樂器拿來聆聽；矢島小姐的作品就像總是掛著笑容的矢島小姐一樣，讓人非常想親近。

矢島小姐的住家兼工作室中，飄散著現代日本風的氛圍。我趁著這次的採訪機會，試用了轆轤，在泥土的香氣中，充分地享受了陶藝的魅力。

>>襯托景色盆栽的藝術作品

以矢島小姐的作品，裝飾矢島小姐喜歡的木賊景色盆栽。很有現代日本風的氛圍。

>> Profile
矢島美途●畢業於武藏野美術短期大學工藝設計科。經歷十年的陶藝教室講師後自創門戶，成立自己的工作室作品曾入選日本手工藝展、朝日現代手工藝展、高岡手工藝賽、金澤工藝大賞展等等。得到過札幌藝術之森工藝展獎勵賞。目前主要從事的是製作及發表日常用食器與花器。

　　盆栽用語　**空中壓條**：讓幹或枝的某個部位長出根，成為可以取下的一棵新樹。

part 4

增添「石頭」的景色盆栽

每一塊「石頭」都有其與眾不同的表情。
大一點的石頭可以放在庭院裡當作踏腳石或石階，
小的石頭是描繪河川等流水的法寶。
試著利用石頭，重現大自然的景色吧！

>> keshiki 22　古典風

挑選錫製的鉢裡，
竟然營造出小庭院的景色！

只是加了一顆石頭，
就可以呈現出庭院的風情。
放在櫃子上，
就變成了室內的焦點。

看似厚重的土色缽，
放入斑葉草本植物和石頭，
卻引出了西洋風的趣味。

提高包著化土的根，
利用苔蘚創造出有高低起伏的立體山坡。
表現盆栽晴朗輕快氛圍的要訣，
就是堆疊浮石。

p62 >> keshiki 22 ● 古典風

〔使用植物〕五葉松　　〔缽的大小〕直徑6cm×高4.5cm

01 >>
安裝缽底網，鋪上缽底石(大粒的富士砂)，遮住缽底網，填入調配土到蓋住缽底石。

02 >>
從盆中取出五葉松植株，以鑷子挑落表面的泥土和附著在根上的泥土。

03 >>
將五葉松和石頭移入缽中。轉動石頭，觀察石頭各個角度的表情，決定好要以那一面朝外後放在土上，營造出庭園般的景色。

04 >>
以手扶著石頭，讓石頭固定，再填入土壤。

05 >>
以衛生筷一邊戳土，一邊填滿土中的縫隙，此時仍然要以手指按著石頭，讓石頭固定。

06 >>
以手指摘除苔蘚背面的老苔，然後以苔蘚營造出有點隆起的小山丘。苔蘚上作出切口，把五葉松的根夾入切口，再以衛生筷把苔蘚的邊緣塞入缽中。

07 >>
以鞍馬砂(下圖)為化妝砂，鋪在縫隙間。一邊轉動缽，一邊添加鞍馬砂。

08 >>
一邊以噴霧器澆水，一邊以刮刀整平鞍馬砂，澆水後即完成了。

column 11

各式各樣「石頭」

盆栽可以藉著石頭的形狀來決定名稱，這裡介紹幾種初學者容易取得，常用來構成景色的石頭。要在小型缽中表現溪流或海水時，使用的便是如化妝砂般，顆粒小的石頭；大的石頭通常用來表現岩石或石階。還有，石頭也有各種顏色，從白色到褐色到黑色都有，可以充分地表現各種亮度。依自己所須要的，選擇適合的石頭吧！另外，水弄濕石頭後，石頭的色澤與風情也會有所變化，盆栽的表情自然也變得不一樣了。

從上面第一排開始，從左到右分別是：三波石、黑墨石、碎石、人口石；第二排是：白花崗岩、那智黑石(小粒)、那智黑石(中粒)、白那智石；第三排是：矢作砂、富士砂(中粒)、鞍馬砂(細粒)、富士砂(小粒)。

　　盆栽用語　**根連：**幾株樹密植好像根部相連的狀況

p63 >> keshiki 23 ● 自然風

〔使用植物〕斑葉南芥 　　〔缽的大小〕直徑10cm×高6cm

01 ≫

安裝缽底網，鋪上缽底石(大粒的富士砂)蓋住網子。填入調配土到缽的三分之一高度左右。

02 ≫

從盆中取出三株斑葉南芥的植株，以鑷子挑落表面的泥土和附著在根上的泥土，小心地不要傷到根。然後決定好放置於缽中的位置。

03 ≫

一株株地拿起來加土，然後一邊調整葉子的形狀或方向，一邊以衛生筷戳土，填滿土壤中的空隙。

04 ≫

以化土覆蓋植物的周圍，作出高度，讓盆栽有表情變化。增高左側，放石頭時要有高度的變化，形成階梯的形狀。

05 ≫

將輕石一顆顆地嵌入化土中，排好。先決定好外圍線再放石頭比較容易。

06 ≫

在石頭的相反方向鋪苔蘚，以手指摘除苔蘚背面的老苔，以衛生筷將突出缽緣的苔蘚塞入缽中。

07 ≫

以鞍馬砂(P.64)為化妝砂，鋪剩餘的空間。加鞍馬砂時，請不要碰到葉子和苔蘚。

08 ≫

一邊以噴霧器澆水，一邊以刮刀整平砂石，澆水後即完成。

「石頭」的放置‧
改變盆栽的表情

景色盆栽加上石頭後，風景就更具真實感。認真的看每一堆石頭，每次覺放置的角度，就會表現出不一樣的表情。掌握到石頭的特性，清楚石頭的重量、力道、安定性和魅力等等，恰當地安排埋在土裡的部分及露出土面讓人欣賞的部分。還有要注意一件事，那就是：一個缽裡的石頭數量，必須是奇數。

試著用形狀與表情互異的三顆石頭，創造出兩種景色。

崖壁景色
兩顆較大的石頭放左邊，方向相同；較小的石頭放右邊，並且與兩顆大石頭的方向相反。三顆石頭都是尖銳面朝上，露出土面，很像險峻的懸崖峭壁。

石階景色
同樣的三顆石頭，讓平坦的那一邊露出土面，按小、中、大的順序排放，讓人一看，就覺得那是石階。

>> keshiki 24 ● 日本風

將苔蘚與石頭搭配，
創造出螢火蟲飛舞小溪旁的想像。

黑松的樹幹由右往左流動的感覺。
葉子要往上生長，
產生強而有力的穩定感。

>> keshiki 25 ● 古典風

石頭和苔蘚構築而生的小山丘，
延展了小缽裡自然風景氛圍。

三塊石頭有大、有中、有小，
如何配置這三塊石頭是重點。
放好石頭後，
再把苔蘚塞入石頭的縫隙。

>> keshiki 26 ● 日本風

駐足在光線充足的小庭院，
腦海中浮現了許多思緒。

光蠟樹在左後方，
安排了石頭的位置後，再鋪上苔蘚。
最後加入化妝砂，
完成一座美麗的庭園。

>> keshiki 27 ● 自然風

白色的缽帶有輕快的感覺。
細細的樹幹楚楚可憐，特別惹人憐愛。

像要夾住樹根般地鋪上苔蘚。
加入了白色矢作砂，
好像能夠聽到溪水流動聲音的風景。

p66 >> keshiki 24 ● 日本風

〔使用植物〕黑松、絲絨蘚　〔缽的大小〕直徑14cm口徑12cm×高3cm

01 >>
安裝缽底網，鋪上缽底石(大粒的富士砂)，遮住缽底網，填入調配土到可以蓋住缽底石。

02 >>
從盆中取出黑松植株，以鑷子挑落表面的泥土和附著在根上的泥土。

03 >>
讓樹枝像由右延伸到左般，決定好黑松的位置。填入土壤。以衛生筷戳土壤，填滿土壤中的空隙。

04 >>
一邊以噴霧器澆水，一邊以刮刀整平土壤。土壤完全濕透時，苔蘚就容易附著上去了。

05 >>
剪掉苔蘚背面的老苔，把苔蘚鋪在黑松的周圍。像要作隆起的山，作出有凹凸模樣的小山。

06 >>
把白花崗石填入縫隙間，作成小溪。讓小溪好像在流動一樣地擺放石頭，營造臨場感。

07 >>
一邊以噴霧器澆水，一邊以刮刀整平。按著石頭調整形狀，澆水後即完成了。

p66 >> keshiki 25 ● 古典風

〔使用植物〕山蘚　〔缽的大小〕5.5cm×4.2cm×高2cm

01 >>
在缽底洞上安裝缽底網，以鋁線固定在缽底的內側

02 >>
鋪上缽底石(大粒的富士砂)至可以遮住缽底網。

03 >>
填入調配土到缽緣即可。

04 >>
一邊以噴霧器澆水，一邊以刮刀整平土壤。土壤完全濕透時，苔蘚就容易附著上去了。

05 >>
配置大中小三塊石頭。一邊觀察石頭的形狀，一邊將石頭排成不等邊的三角形。

06
鋪苔蘚，摘除苔蘚背面的老苔，放入石頭的縫隙之間。以手指把苔蘚塞入石頭間。

07 >>
以鞍馬砂做化妝砂，填補縫隙，營造溪流的印象，完成。

　　盆栽用語　**剪葉**：五～六月左右，只留下葉柄，剪掉全部的葉子。

p67 >> keshiki 26 ● 日本風

〔使用植物〕光蠟樹、山蘚　　〔缽的大小〕直徑7.5cm×高4cm

01 >>
安裝缽底網，鋪上缽底石(大粒的富士砂)，遮住缽底網，填入調配土到可以蓋住缽底石為止。

02 >>
從盆中取出光蠟樹植株，以鑷子挑落表面的泥土和附著在根上的泥土。盡量不要傷到根。

03 >>
把植株放置於缽的左側。枝向左右平均伸展。填土，然後以衛生筷戳土，填滿土壤中的空隙。

04 >>
一邊以噴霧器澆水，一邊以刮刀整平土壤，並決定好三塊石頭的位置。位置決定好後，移開兩塊石頭鋪苔蘚。

05 >>
鋪好苔蘚後，把兩塊石頭放回原位。

06 >>
以鞍馬砂(P.64)為化妝砂，鋪滿空隙的空間。一邊轉動缽一邊填砂比較容易。

07 >>
一邊以噴霧器澆水，一邊以刮刀整平土壤，澆水後即完成。

p67 >> keshiki 27 ● 自然風

〔使用植物〕欅、絲絨蘚　　〔缽的大小〕直徑8cm×高5cm

01 >>
安裝缽底網，鋪上缽底石(大粒的富士砂)，遮住缽底網，填入調配土到可以蓋住缽底石。

02 >>
從盆中取出欅植株，以鑷子挑落表面的泥土和附著在根上的泥土。

03 >>
將欅的植株放置在缽的正中位置上，再進行填土。填土時手拿著欅，才能固定好位置。

04 >>
以衛生筷戳土，填滿土壤中的空隙。這時也要以手扶著植物。

05 >>
一邊以噴霧器澆水，一邊以刮刀整平土壤。

06
以剪刀剪除苔蘚背面的老苔後，再把苔蘚鋪在植物的根上，以衛生筷將苔蘚的邊緣部份塞入缽中。

07 >>
以鋪鞍馬砂(P.64)作為化妝砂，一邊以噴霧器澆水，一邊以刮刀整鞍馬砂。最後加入矢作砂，美化盆栽。

>> keshiki 28 ● 日本風

站立於山頭上的樹木。
如心中描繪之登高景致。

奇數個的石頭，
變成了峭立的岩壁。
色澤明亮的鞍馬石，
讓景色更加鮮明、凸出。

>> keshiki 29 ● 古典風

像流經山間的清溪，
將清風帶進了房間裡。

小花仙客來的球根，
要植重於突出土面。
做草山和石山，
在草山與石山間填鞍馬砂，營造出水流的印象。

〔使用植物〕八房蝦夷松、山苔　　　〔缽的大小〕13cm×7cm×高2cm

01 >>
安裝缽底網(有三處)，鋪上缽底石(大粒的富士砂)到能遮住缽底網。

02
加調配土，掩蓋住缽底石。因為這是平底缽，所以一定要平均地鋪好調配土。

03 >>
從盆中取出八房蝦夷松。因為紮根穩固，所以不妨以鑷子插入盆中數處，鬆動一下土壤，再取出植株。

04 >>
以鑷子挑落表面的盆土和附著在根上的泥土，挑落土的時候，盡量不要傷到植株的根。

05 >>
清理根部的泥土到這個程度後，剪根；保留的根的長度，要比樹的高度稍長一點。

06 >>
將植株置於缽的左後方位置上。並將根攤開。

07 >>
像要把根藏起來一樣地將土填滿整個缽，再以衛生筷戳土，填補土中的空隙。

08 >>
一邊以噴霧器澆水，一邊以刮刀整平土壤。

09
土完全濕透了後，安排石頭的位置。營造出山的風景，把石頭立於低的地方。原則上建議石頭是奇數個。

10 >>
苔蘚鋪在樹木的周圍，作出傾斜的山坡風景。以衛生筷將苔蘚邊緣塞入缽中。

11 >>
以鞍馬砂作為化妝砂填補空隙，布置完成。然後再以噴霧器澆水，以刮刀整平表面，最後再澆水，就大功告成了。

　　盆栽用語　**觀葉缽**：以欣賞植物的葉子之美為主的盆栽。

p71 >> keshiki 29 ● 古典風

〔使用植物〕小花仙客來、山蘇　　〔缽的大小〕直徑10cm×高4.5cm

01 >>
安裝缽底網，鋪上缽底石(大粒的富士砂)，遮住缽底網，填入調配土到可以蓋住缽底石。

02 >>
由盆中取出小花仙客來的植株，以鑷子挑落表面的泥土和附著在根上的泥土。將植株安排在缽的左後方，記得球根部分要露出土面。

03 >>
填土並以衛生筷戳土，填滿土壤中的空隙。小花仙客來靠球根呼吸，所以球根部分要固定於土面上。

04 >>
一邊以噴霧器澆水，一邊以刮刀整平土壤。

05 >>
平均地配置七塊石頭，作出草山和石山的風景。

06 >>
鋪苔蘚。摘除苔蘚背面的老苔。在草的周圍做小山丘。可以將石頭放於修成圓形的苔蘚前端，讓景色更踏實有力。

07 >>
在剩餘的空隙上添加鞍馬砂裝飾，作出潺潺溪流的風景。最後一邊以噴霧器澆水，一邊以刮刀整平表面的砂，再澆水後即完成。

---

column 13

使用這些材料
也能創造出景色

不只是石頭，炭、土或砂也可以當作化妝砂，讓風景更具趣味性。想讓裝飾室內的盆栽有點變化時，可以考慮使用這些材料。

①炭(細粒)
有著石頭所沒有的有趣表情。炭有淨化室內空氣的作用，經常用於裝飾客廳或餐廳的盆栽。

②桐生砂
桐生砂是酸性土，不易長蟲。這是它的優點。此外，因為能抑制其他的植物生長，所以缽中風景能維持較長時間。

③鹿沼土
鹿沼土的保水性強。一般的盆栽土通常會以化妝砂掩蓋起來，不會被看到。但鹿沼土是被看到也沒關係的。乾燥的鹿沼土是白色的，澆水變濕後，顏色就會變深。

使用白色鹿沼土為化妝砂的盆栽。加了水之後，顏色就會變深，和苔蘚形成絕妙的好搭檔。

盆栽用語　**鐵絲剪**：整姿或矯正姿勢時，須要以鐵絲來定形。鐵絲剪是專門剪鐵絲的剪刀。

>> keshiki 30 ● 自然風

採用遠近法配置樹木，
作出有縱深的森林風景。
粗粒的石頭讓風景更踏實。

大樹在前，表現出森林的魄力。
中樹在大樹的稍微後面一點，
小樹在不等邊三角形的最前面。
整體形成了非常有男子漢氣魄的風景。

>> keshiki 31 ● 西洋風

選擇極有個性的缽，
描繪出水邊沉靜的夜色。

水邊的印象來自那智黑石。
石頭一沾濕，
馬上顯現出黑色光澤。
松葉向上生長，顯得英氣勃勃。

p74 >> keshiki 30 ● 自然風

〔使用植物〕日本扁柏、山蘇　　〔缽的大小〕直徑10cm×高4cm

01 >>
安裝缽底網，鋪上缽底石(大粒的富士砂)，遮住缽底網，填入調配土到可以蓋住缽底石的程度。

02
從盆中取出三株日本扁柏的植株，以鑷子挑落表面的泥土和附著在根上的泥土。

03 >>
比較三株植株的大中小，大的植株與中的植株接近，小的植株離得遠一點，排成不等邊三角形的形狀。

04 >>
以衛生筷戳土壤，填滿土讓中的空隙。此時要以手支撐植物，穩定植物的位置。

05 >>
一邊以噴霧器澆水，一邊以刮刀整平土壤。讓土壤完全濕透。

06 >>
摘除苔蘚背面的老苔，鋪在植株的根部。苔蘚上作出切口，夾入樹根，再以衛生筷將苔蘚邊緣塞入土中。

07 >>
以大粒的富士砂填補空隙，作出熔岩凹凸不平般的感覺。最後以噴霧器澆水，並一邊以刮刀整平表面，便完成了。

p75 >> keshiki 31 ● 西洋風

〔使用植物〕黑松、山蘇　　〔缽的大小〕直徑7cm×高6cm

01 >>
安裝缽底網，鋪上缽底石(大粒的富士砂)後，填入調配土到可以蓋住缽底石的程度。

02 >>
從盆中取出黑松植株，以鑷子挑落表面的泥土和附著在根上的泥土。

03 >>
決定好黑松放置於缽中的位置，填土後以衛生筷戳土，填滿土讓中的空隙，固定黑松的位置。

04 >>
一邊以噴霧器澆水，一邊以刮刀整壓平土壤。摘除苔蘚背面的老苔，鋪在黑松的根部。

05 >>
一邊按著黑松的根，一邊以衛生筷將苔蘚的邊緣塞入缽中。

06 >>
以那智黑石填補空隙的部分。

07 >>
一邊以噴霧器澆水，一邊以刮刀按壓石頭，這樣就完成了。濕潤的那智黑石，讓風景顯得特別寧靜。

　盆栽用語　懷枝：在大樹枝的影子下的枝。

顏色豐富的布品使景色盆栽更活潑

景色盆栽的顏色不多,很容易讓人覺得太樸素。「布」可以扭轉這樣的印象。迷你盆栽因為使用的缽比較小,所以只是杯墊般大小的布,就可以派上用場了。把質樸的缽,放在色澤有點鮮豔的布上,即使是西洋風的室內設計也完全能夠融入其中,一點也不會有突兀的感覺。此外,設計漂亮的手帕,也是盆栽的好搭檔。試試挑選自己喜歡的布來搭配盆栽,享受這樣的組合帶給自己的樂趣吧!這裡,我會介紹一部分我常使用的布。

① ② ③ ④ ⑤

排列在展覽室內的佐藤小姐作品

①一樓的展示室裡，優美陳列著各色漂亮布和小物件。

②兩種顏色鮮豔的布組合而成的圍巾。

③佐藤小姐親自下廚招待，還很優雅地說：「沒有什麼好招待的，只有這一點點……」

④佐藤小姐正在檢查染好的布。她也設計服裝和包包。

⑤作業場裡的板刷。各種常用的板刷整齊地排列著。

佐藤律子 小姐（色染藝術家）

讓景色盆栽更出色的藝術家們

04

四年前，我在關西百貨公司的展示會中，與佐藤小姐初次見面。身材苗條的佐藤小姐給我的第一印象是：眼睛發亮的開朗女性。一想到她就是染出那麼有深度顏色布的女性，我就覺得非常激動。

佐藤小姐創造出來的色彩既不會太通俗，也不會太樸素，那是一種極為謹慎又優雅有品味的顏色。一看到佐藤小姐所染色的布，就會覺得那是可以融入任何室內設計的紡織品，有種不可思議的力量。所以我相信：佐藤小姐染出來布，一定可以使景色盆栽更加出色。

佐藤小姐的工作室位於安靜的住宅區裡，是一棟四層樓的建築。一樓是展示室兼店面，二樓是起居室，三樓是色染工作區，四樓是事務所兼設計室。展示室裡展示著服裝、墊子、袋子，那些物品在從窗戶照射進來的明亮光線下，綻放出美麗的色彩。我常以杯墊大小般的小布塊，裝飾店裡的一些盆栽會裝飾，目的就是為色彩單調的盆栽增添顏色。佐藤小姐的色染布，非常符合我的要求。

去探訪佐藤小姐那日，佐藤小姐請我吃以土鍋煮的飯和味噌湯，及以淡湯汁煮的菜。「色彩魔術師」佐藤小姐親自料理的食物雖然簡單，卻很有媽媽的味道。讓我的心情柔和的，並不只是佐藤小姐的布而已；是我們圍著被溫柔的味道與香味籠罩的餐桌，享用溫暖一刻的氛圍。

>> Profile
佐藤律子●染色工房「色彩工作室」的主持人。畢業於東京美術學院，又在「VANTAN紡織品設計研究所」學習完畢後，向大槻圭子拜師學習。佐藤小姐非常認真地在日本各地舉辦個展或聯展，從2001年起，更開始了以絲為素材的服裝製作，在和服界與服飾界等等領域內相當活躍。http://www.ateliercouleur.com/

>>襯托景色盆栽的藝術作品

妝飾在佐藤小姐色染的絲質蟬翼紗前面的茶花與苔蘚的盆栽。色彩明亮的蟬翼紗與盆栽相互輝映。

盆栽用語　**叉枝**：從主枝旁邊長出來的小枝。

part 5

巧用「身邊的器皿」添加樂趣！

不想買昂貴的缽，希望使用有流行感的缽成為盆栽的道具……

此時，不妨利用家裡原有的器皿，或已經不使用的容器吧！

只要打出缽底洞，就沒有問題了。

迷你盆栽的樂趣樂無窮！

>> keshiki 32 ● 咖啡杯的景色盆栽

漂亮有型的杯子，
也可以成為景色盆栽的焦點。

首先，請在杯底打出缽底洞，
雖然不是專門的盆栽用缽，
依然可以欣賞到有設計感的自然風景。

〔使用植物〕黑松、山蘇　　〔缽的大小〕直徑10cm×高7cm

01 >>
打缽底洞,安裝缽底網,然後按照順序鋪上缽底石(大粒的富士砂),調配土。

02 >>
從盆中取出黑松的植株,以鑷子挑落表面的泥土和附著在根上的泥土。

03 >>
觀察放在杯中的植物枝的姿態,決定植株的位置,然後填土。放置植物時,要注意植物葉子的生長方向,葉子向上生長植物看起來更有生氣。

04 >>
以衛生筷戳土壤,填滿土中的空隙。此時要以手支撐植物,穩定植物的位置。

05 >>
一邊以噴霧器澆水,一邊以刮刀整平土壤。

06 >>
摘除苔蘚背面的老苔,鋪在苗株的根部。苔蘚上作出切口,夾入樹根,作出小山丘的模樣。

07 >>
再以衛生筷將凸出的苔蘚邊緣塞入杯中。

08 >>
以小粒的富士砂作為化妝砂,填補空隙。然後以噴霧器澆水,並一邊以刮刀整平表面,最後再澆水,便完成了!

---

column 15

使用沒有缽底洞的
容器時

想要利用家裡不用的餐具、器皿來當盆栽的缽時,最困難的一關就是缽底洞的問題。如果是馬口鐵的材質,有釘子或釘鎚,就可以輕易解決問題。但如果是陶、瓷器或玻璃器皿,那恐怕就必須要一台電鑽了。有了電鑽,就不必擔心陶、瓷器皿或玻璃器皿在鑿洞時裂開了。就買一台電鑽,讓盆栽的缽更有變化性吧!

推薦的電鑽／迷你路由器組、迷你電鑽2配套元件,附盒裝(5000日幣至7000日幣之間)。筆型把柄的前端可依須要換不同的鑽頭,例如換上鑽頭,就可以在陶、瓷器,甚至不鏽鋼上鑽洞了。

1 因為磨擦時會生熱,所以要加水在須要鑿洞的地方。

2 在電鑽把柄的前端安裝鑽頭,打開開關。

3 穿洞之後,以刀尖挖出適當大小的洞。

>> keshiki 33 ● 果凍模型的景色盆栽

老舊不用的果凍模型，
變身為斑紋植物的最佳搭檔。

只要打出一個缽底洞就OK。
果凍模型的造型原本就可愛，
有可以作出氣氛開朗的盆栽，
這樣的盆栽用來裝飾餐桌也很漂亮！

>> keshiki 34 ● 鐵鑄鍋的景色盆栽

筆直生長的樹型，非常雄壯有精神。
黃色的果實與白色的缽，特別悅目。

映襯著白色鐵鑄鍋的，
是色澤鮮綠的絲絨蘚。
一到冬天，豆金柑會結出黃色的果實，
非常有清爽的感覺。

>> keshiki 35 ● 空盒子的景色盆栽

試試有些深度的乳酪空盒子，
作一個漂亮的盆栽。

寒菊緊靠著根部，
仿照樹林般地配置地面的部分。
鋪苔蘚時也以手支撐著莖。

>> keshiki 36 ● 空罐子的景色盆栽

很有園藝感的迷你盆栽。
讓盆栽的趣味變得深廣了。

會開花，也會結果，
野薔薇搭配鐵罐子，竟然是絕配。
使用釘子或釘錘，
就可以輕易地作出缽底洞了。

p82 >> keshiki 33 ● 果凍模型

〔使用植物〕斑葉南芥、山蘇　〔模型的大小〕直徑6cm×高4cm

01 >>
打出缽底洞，安裝缽底網，然後按照順序鋪上缽底石（大粒的富士砂）、調配土。

02 >>
從盆中取出斑葉南芥的植株，一手壓植株的盆底，一手的手掌接住植株。

03 >>
以鑷子挑落泥土。如照片中這樣的程度即可。

04 >>
將植株移入模型，從邊緣開始慢慢填土。填土時以手扶著植株，穩定植株的位置。

05
以衛生筷戳土壤，填滿土讓中的空隙，然後以噴霧器澆水，並以刮刀整平土壤。

06 >>
鋪苔蘚，摘除苔蘚背面的老苔，然後一點點地鋪在植株的根部。

07 >>
再以衛生筷將苔蘚塞入模型中，作成小山丘的模樣。最後放小粒的富士砂，填補剩餘的空間。

08 >>
再拿一個果凍模型，像步驟1同樣地填土至模型邊緣處，接著鋪上苔蘚後完成。

p82 >> keshiki 34 ● 鐵鏽鍋

〔使用植物〕豆金柑、絲絨蘚　〔模型的大小〕直徑7.5cm×高5cm

01 >>
打出缽底洞，安裝缽底網，然後按照順序鋪上缽底石（大粒的富士砂）、調配土。

02 >>
從盆中取出豆金柑的植株，一手壓植株的盆底，一手拿出植株。

03 >>
以鑷子挑落表面和附著在根上的泥土。挑落泥土的時候，注意不要傷到根。

04 >>
將植株擺放在鍋的中央，然後填土，填土時以手扶著植株，固定植株的位置。

05 >>
以衛生筷戳土壤，填滿土讓中的空隙。此時也要以手扶著植株，認真的填土，固定植株的位置。

06 >>
然後以噴霧器澆水，並以刮刀整平土壤。土壤完全濕透了，才容易鋪苔蘚。

07 >>
摘除苔蘚背面的老苔，然後鋪在金桔的根部上面。苔蘚分成幾部分鋪，以便作出盆栽的表情。

08 >>
以衛生筷將突出鍋子邊緣的苔蘚塞入鍋中，最後再加水，便完成了！

盆栽用語 **水塘石**：有凹陷，可以積水的石頭。

〔使用植物〕寒菊、絲絨蘚　　〔模型的大小〕直徑9cm×高6cm

01

打出缽底洞，安裝缽底網，然後按照順序鋪上缽底石(大粒的富士砂)、調配土。土的高度大約是罐子高度的三分之一。

02 >>

從盆中取出寒菊的植株，以鑷子挑落表面與根上的泥土。

03 >>

決定好放入盒中的位置，填土。以手扶著植株，比較容易進行填土的作業。

04 >>

以衛生筷戳土壤，填滿土壤中的空隙。做這個動作時手要扶著根部，植株的位置才會固定。

05 >>

以噴霧器澆水，並以刮刀整平土壤。

06 >>

摘除苔蘚背面的老苔，然後鋪在寒菊的根部上面。以衛生筷將苔蘚塞入土中。

07

最後放小粒的富士砂為化妝砂，填補剩餘的空間。一邊轉動盒子，一邊填砂，這樣比較容易完成這個作業。

08 >>

再以噴霧器澆水，並一邊以刮刀整平表面的砂，最後再加水，便完成了。

〔使用植物〕野薔薇、山蘚　　〔模型的大小〕直徑7cm×高7cm

01 >>

打出缽底洞，安裝缽底網，然後按照順序鋪上缽底石(大粒的富士砂)及調配土。土的高度大約是罐子高度的三分之一。

02 >>

從盆中取出野薔薇的植株，壓擠植株的盆底，就能簡單地取出植株了。

03 >>

以鑷子挑落表面與根的泥土。進行這個動作時，注意不要傷害到根。

04 >>

決定好野薔薇放入罐中的位置，以手扶著野薔薇並填土。

05 >>

以衛生筷戳土壤，填滿土壤中的空隙，在植株穩穩地固定在土壤中前，手都要一直扶著植株。

06 >>

以噴霧器澆水，並以刮刀整平土壤，潮濕的土壤比較容易鋪苔蘚。

07

摘除苔蘚背面的老苔，像要夾住根部一樣地鋪苔蘚。一小塊一小塊地鋪，完成小山丘的景致。

盆栽用語 ┃ **觀果缽**：以欣賞植物果實為主的盆栽。

從飛機的窗口看出去的瀨戶內海，
就像這般浮著許多小島的海面。

像做小山一樣地鋪苔蘚，創造出一座座的小島。

紮實地鋪上富士砂，

表現出風平浪靜海面的景象。

〔使用植物〕絲絨蘚　〔托盤大小〕129cm×19cm×高1cm

01 >>
在4處打缽底洞,為了不讓水輕易流失,4個缽底洞的位置平均分散開來,再填入調配土。

02 >>
一邊以噴霧器澆水,一邊以刮刀按壓土壤,盡量讓盤中土壤的表面一樣高。

03 >>
剪掉苔蘚背面的老苔。

04 >>
將苔蘚作得像浮在海面上的小島般的小山。苔蘚的邊緣部分以衛生筷塞入土中。

05 >>
鋪完苔蘚,以篩子篩過的細富士砂為化妝砂,鋪在土壤的上面。

06 >>
以噴霧器澆水,並一邊以刮刀整平表面的砂。托盤面積大,請耐心、小心地進行整平工作。

---

column 16

各式各樣裝飾景色盆栽的器具

包括本書所使用的,和這裡所介紹的,都是可以買來當盆栽缽的作品,有陶製品、金屬製品、玻璃製品等等。因為大多是藝術家的作品,所以價格稍貴。不過,有安定感的缽,更能襯托盆栽之美;如此一來每一個作品都十分漂亮。

陶製的器皿
陶器給人「寧靜」的氛圍,而且還讓人覺得很溫暖。圓形的器皿好像可以把植物包裹起來一樣。栽種在小缽裡的小樹苗,因為缽小,就變成大樹了!

金屬製的器皿
金色的是黃銅製品,銀色的是鋁製品。看起來冷冰冰的器皿,在成為盆栽的缽後,卻變身成現代感十足的鮮明作品,醞釀著豪華的氛圍。

玻璃製的器皿
玻璃缽非常稀奇,以前很少被拿來當作盆栽的器皿。從外面可以看到裡面的土壤,有色的玻璃缽最好看了。這樣的缽,能將東西方的裝飾風情融和在一起了。

鶴田安藝子小姐的作品

①藝術香水瓶。

②一看就聯想到關於海洋的作品。

③拿在手中可感受到顆粒感的杯子。

④從討論與玻璃有關的話題，說到「最近正在減肥」。鶴田流的減肥論讓我們開心地大笑。

鶴田安藝子

讓景色盆栽更出色的藝術家們

小姐（玻璃造型藝術家）

05

外表文靜而有理性的日本美女！這通常是鶴田安藝子小姐給人的第一印象。不過，我第一次見到她時，卻覺得她是個熱情而內心堅強的女性。我們是五年前在某一個藝術家的個展裡，透過岩清水久生先生的介紹而認識的。

雖然是第一次見面，我們就一邊喝酒，一邊暢快地談論著與藝術有關的事情，並且覺得志趣相投。玻璃與盆栽結合時，會看到缽中土壤的模樣，所以以前沒有人嚐試過這種結合。但與鶴田小姐的一席談話，卻開啟了我景色盆栽的一道新門。「試著在玻璃的表面上色，把土壤遮掩起來如何？」鶴田小姐如此提議。於是我很快地嚐試做了那樣的景色盆栽，結果發現玻璃缽與盆栽非常搭配。就這樣，只有「品品」才有，充滿個性的原創盆栽誕生了。總讓人覺得獨占夏天的玻璃，成為盆栽的缽後，也能讓人享受到玻璃存於四季的印象。

鶴田小姐所學的，原本就與設計有關，但因為喜歡玻璃，所以短大畢業後，又進入玻璃專門學校學習。很努力地創造「有厚度，形狀有點胖墩墩的漂亮玻璃」。鶴田小姐家裡擺放著古典家具，裝潢很有「藝廊」風格，明亮而且發出光彩的玻璃作品，裝飾著架子和櫃子，讓人想起宛如幻想世界的大海與夜空。「透明感是玻璃的生命，經常擦亮維護，它就能常保光亮美麗。」今後，我的景色盆栽與鶴田小姐做的玻璃作品，會持續合作下去。我滿心期待我們的合作能夠打開另一扇景色盆栽的新門。

>>襯托景色盆栽的藝術作品

入選手工藝展的原創彩色玻璃作品。以銀河系為意象，深色的玻璃遮蓋了土壤的顏色，成為室內美麗的裝飾品。

>> Profile

鶴田安藝子●出生於日本的名古屋，畢業於武藏野美術短期大學，又在東京玻璃工藝研究所學習。鶴田小姐曾參加過東京玻璃藝術展、日本工藝等多項展覽，並且多次獲獎，目前仍然每年積極地舉辦個展與參與聯合展覽。

盆栽用語 ｜ 摘芽：適度地摘除茂盛生長的新芽。

part 6

迷你盆栽圖鑑

這裡所介紹的植物，都是初學者容易入手的品種。

本書所用到的盆栽植物主要分為「木本植物」與「草本植物」。

這兩種又各有「常綠品種」和「落葉品種」的區別。

赤松

松科，別名「女松」。樹幹的顏色如樹名，是紅褐色的。樹齡大了之後，樹皮會裂成龜甲狀。葉呈針狀，果實呈球狀，形狀與常見的松果相同。
栽種的訣竅／栽種的地方必須陽光充足，排水良好。整枝時，主幹要向陽，修剪去掉過多的樹枝。

馬醉木

杜鵑花科，含有馬醉木毒素，馬吃了馬醉木的葉子後，會產生神經痲痺的現象，陷入像喝醉了一樣的狀態。
栽種的訣竅／栽種的地方必須陽光充足，排水良好，注意不要缺水。待開完花之後，記得要剪掉花穗。

豆金柑

芸香科，別名金豆，常綠小灌木，枝葉藏密，非常適合盆栽，八～九月開花，之後就會結出黃色的果實。
栽種的訣竅／怕冷，氣溫降到十五度以下後，晚上必須移入室內，天氣暖和了，才再移到室外。

黑松

松科，因為黑色的樹幹而得名。樹幹上有縱深的龜甲狀裂紋樹皮，會變成厚的鱗片，然後掉落。因為外形雄壯魁梧，所以有「男松」的別名。
栽種的訣竅／須要頻繁地澆水，土壤的表面一旦乾了，就要給予充足的水分。因為是多年生的植物，所以即使葉子枯了，只要根還活著，澆水就可以繼續生長。

五葉松

松科，因為五枝三至六公分長的針葉會聚成一簇，所以被稱為五葉松。五葉松外觀很有重量感，被視為是吉祥木，是受歡迎的盆栽植物。
栽種的訣竅／耐乾旱。生長的速度緩慢。枝接觸到別的樹枝時，會發生枯萎的狀況，要注意此點。

光蠟樹

木犀科，密生的小型葉片很受喜愛。白蠟樹的樹幹可以作棒球的球棒，所以又有「棒球樹」之稱。此外，白蠟樹也有清淨室內空氣的功能。
栽種的訣竅／要栽種在陽光充足的地方，喜歡濕土，非常討厭乾燥的環境，夏天一定要記住澆水這件事。

龍柏

柏科，在盆栽用語裡，幹或枝的皮剝落，露出白色的木質部分，稱之為「神」；幹的某一部分呈現枯朽狀，稱之為「舍利」。這樣的風貌讓龍柏更顯蒼莖有味。
栽種的訣竅／「神」或「舍利」髒了時，要以牙刷或刷子以水清洗。春天到晚秋時，盆栽可以置於戶外，冬天時要置於屋簷下。

紅果金栗蘭

金粟蘭科，晚秋到冬季會結成串的紅色果實，非常討喜，是日本過年時的吉祥植物，從江戶時代就廣受日本人喜愛。
栽種的訣竅／不喜陽光直射與寒冷，喜歡半日照的生長環境。陽光太強的話，葉子會被灼傷。要注意此點。

盆栽用語 **攜入**：於缽中養一年以上的草本植物或木本植物。

茶花

山茶科，茶花的樹葉有光澤，花的顏色也很鮮麗，很有觀賞的亮點，它的日文名字「椿」(音：tsubaki)來自「厚葉木」(音atsubaki)
栽種的訣竅／茶花耐寒性強，不喜歡潮濕的土壤，注意不要給太多水。剪定的時候，要記得修剪枝分開之處。

日本扁柏

柏科，從前因為磨擦這種樹會引起火苗，所以也有「火之木」之名。絲柏在迎風的岩石上匍匐生長。
栽種的訣竅／因為會不斷地往旁邊伸長，所以發現伸得太長時，就需剪定。還有，春、秋兩季要記得噴灑藥劑，防止病蟲害。

姬杉

杉科，杉樹生長的速度很快，短時間內就可以長到相當的高度。姬杉屬於小型的杉樹，樹幹筆直，針狀的樹葉濃密。
栽種的訣竅／性耐寒，生命力強韌，容易栽種。在陽光充足，通風的地方就可以生長。只要記得地面乾燥了，就要澆水即可。

百兩金

紫金牛科，別名硃砂根。喜歡半日陰的生長環境，少分枝，會開可愛的白色花，到了晚秋會結紅色的果子，直到翌年的四月。
栽種的訣竅／不喜冷風與烈日下的乾燥土地，要注意盆栽擺放的地點和澆水的事宜。

斑葉馬醉木

杜鵑科，葉子上有斑紋的馬醉木。生命力強韌，容易栽種，但要避開夏日的夕照或夏日直射的陽光。除了賞花外，斑紋馬醉木的葉子也值得觀賞。
栽種的訣竅／和馬醉木一樣。栽種的地方必須陽光充足，排水良好，注意不要缺水。待開完花之後，記得要剪掉花穗。

萬兩

紫金牛科，萬兩的名字十分吉利，是過年時受歡迎的裝飾植物。萬兩的果實基本上是紅色的，但也有結白色果實的白果萬兩與結黃色果實的黃果萬兩。
栽種的訣竅／和百兩一樣。不喜乾燥與寒冷。枝長時要剪定，有時也兩、三年不開花情況發生。

八房蝦夷松

松科，如名字所示，八房蝦夷松的故鄉是北海道，許多滑雪場的四周都是八房蝦夷松。此松非常耐寒，五月時會長新色的新芽，十分漂亮。
栽種的訣竅／栽種的地方必須陽光充足，排水良好，不喜剪定，枝長得太茂密時，以拔除的方式整理。

南天竹

小蘗科。南天竹因為葉子
形狀像醜女人的臉頰一樣
腫腫的，所以有「醜天竹」
的綽號。又因為到了冬天
時，葉子會變成漂亮的紅
色，所以又被稱為「五色
天竹」。

栽種的訣竅／南天竹的花
不喜雨水，梅雨季時要把
盆栽移入室內。初夏時要
從根修剪長得太長的枝。

柿(筆柿)

柿樹科。有美麗的紅葉，
葉子要開始凋謝時，果實
的顏色便會逐漸變深。
花為淡黃色、約一公分大
小，形狀如吊鐘，有四片彎
曲的花瓣。

栽種的訣竅／冬天不能吹
風，必須養在室內。吹到乾
燥而寒冷的風時，會發生
樹枝枯萎的現象，也會影
響到隔年結果的情況。

櫸

榆科。日本代表性的闊葉
樹，有黃葉和紅葉的，種植
在盆栽裡很能表現出端莊而
高雅的氣質。

栽種的訣竅／幼苗很容
易感染霉病，要特別注
意。養植期間要隨時調整
樹型，不可隨便亂修剪枝
葉。

枹櫟

殼斗科。和橡果的樹很
像，種於盆栽時很難結
果，所以屬於賞葉的植
物。一般來說，葉子是深
綠色或紅色的。剪定之
後，可以欣賞其舒爽的趣
旨。

栽種的訣竅／三月中旬進
行移植。枹櫟的根很容易
長粗，任其生長的話，根會
變得太粗。要注意此點。

鵝耳櫪

樺樹科。在日本，鵝耳櫪
又名「四手樹」、「赤四
手」、「赤垂」，是雜木
林、公園裡一定會有的樹
木，可以說是貼近於我們
身旁的樹。

栽種的訣竅／鵝耳櫪的生
命力強悍，容易養植。只
要注意夏天的日照問題即
可。放在屋簷下或以簾子
遮擋陽光，避免葉子遭受
灼傷。

椰榆

榆科。因為秋天開花，所
以有「秋榆」的別名。秋天
的新芽很可愛，黃葉也很
漂亮。

栽種的訣竅／即使養在沒
有陽光的地方也可以，生
命力極強，很容易養。樹
枝長長，就要留下兩、三
節，進行剪定，小枝就會
變多。

野薔薇

薔薇科。初夏會開單瓣、帶
著香氣、高雅的粉紅或白色
花朵。秋天會紅色的結實，
到了冬天也還能欣賞到野薔
薇之美。

栽種的訣竅／可以插枝的
方式增加數量。推薦初學
者在春天來前，撒冬天時
結成的種子，增加野薔薇
的數量。

黃櫨

漆樹科。黃櫨有美麗的紅
葉，是非常值得欣賞的植
物。因為不容易分枝，所
以可以使用合植的方式栽
種。

栽種的訣竅／黃櫨的生命
力強，葉子不會有灼傷的
現象，很容易養植。不過，
皮膚容易過敏的人，建議
避免碰觸黃櫨。

斑葉野薔薇

細葉情人菊

薔薇科。特徵是葉子上斑紋，顏色由白到乳白都有。出新芽的時候很少見到粉紅色的斑紋。
栽種的訣竅／和野薔薇一樣，以插芽的方式栽種。要放在陽光充足，排水狀況良好的環境下培育。

菊科。有鋸齒狀缺刻的耐寒性常綠灌木。七月至十一月會開黃色花。
栽種的訣竅／這種植物因為怕熱、怕乾燥，所以夏天的時候要放在廊下等較涼爽的場所。要注意扁虱和蚜蟲。

紫珠

山楓

馬鞭草科。秋天的時候，鮮紫色果實像鈴鐺一樣地掛在樹枝上，非常好看。結成白色果實的白珠是紫珠的同伴。而體型小一號的，是小紫珠。
栽種的訣竅／注意開花到結果之前千萬不能有缺水的情形，也別忘了春天和秋天時要施肥。

楓樹科。洋溢著野趣的樹形，非常適合拿來創作讓人想起雜木林的盆栽。從春天到發芽，到秋天的紅葉、冬天的樹形，山楓的一年四季，都是不同的美感。
栽種的訣竅／從長出紅色的芽開始，就是可以移植的時候。迷你盆栽通常一至二年就要進行一次移植。

黃金卷柏

蕨類植物。不會開花，但是葉子長得十分茂密。在盆栽中可以產生很有分量的效果。
栽種的訣竅／避免日光直射，必須生長在排水良好的環境下。

小熊笹

禾本科。葉子的色澤明亮，體型雖小，卻極有風情。因為是靠地下莖繁殖的，所以不須要作高度以外的剪定。
栽種的訣竅／喜歡肥沃而潮濕的土壤，可選用比一般稍微濕的土壤培育。也很耐寒，容易栽種。

木賊

木賊科。木賊是多年生的草本植物，莖是中空的，節上有黑色的紋，原本生長在北海道等寒冷地區的山間，現在經常被拿來當作盆栽植物觀賞。
栽種的訣竅／三月左右，剪掉地上的部分，就會長出新芽。可以分株的方法，增加數量。

五葉黃蓮

毛莨科。早春的時候，帶著紫色的花莖會從葉子的中間直直地長出來，莖的最前端會開很像梅花的白色花。
栽種的訣竅／夏天時要養在通風良好的地點。春天和秋天施肥，每年會都開漂亮的花。

姬石楠

杜鵑花科。原本的生長地是高山濕地，夏天時莖的尖端會長出帶著粉紅色、呈壺狀、朝下生長的小花。
栽種的訣竅／夏天時要養在通風好，又涼爽的地方；用肥料時要謹慎；冬天時則應避免吹到冬天的風。另外，要以插木的方式增殖。

姬石菖蒲

天南星科。自然群生在溪谷邊的植物。根莖強韌、有香氣，夏天時會開許多黃色的穗狀小花。
栽種的訣竅／每隔兩至三年就要移植、進行分株。每年的五月左右要作一次葉子的修剪動作，讓形狀更漂亮。

斑葉虎耳草

虎耳草科。葉子上有白色斑紋的變種虎耳草。全株上下都覆有細毛，五至七月會開五瓣的白色花。
栽種的訣竅／怕熱，所以夏天要移養在通風的蔭涼處。以分株的方式繁衍。

紫金牛

紫金牛科。紫金牛是相當矮小的樹種，作成盆栽時，看起來就像草一樣。夏天會開白色的小花，秋天到冬天會結紅色的果實。
栽種的訣竅／四月左右要剪定新長出來的芽。梅雨時期要養在蔭涼處，冬天時要放在日照良好的地方。

　盆栽用語　|　**合植：**將獨立的樹合種在一起。

草本植物

寒菊

菊科。說到菊花，人們都
會想到那是秋天開的花，
但是，春天也有菊花，那
是春菊；而冬天開的花就
是冬菊。
栽種的訣竅／菊花遇到雨
水容易生病，所以下雨的
時候要把菊花盆栽搬到廊
下避雨。但缺水時，下面
的葉子會有黃斑的現象。

小花仙客來

報春花科。仙客來的原
種，不管是花還是葉子，
都是小小的，非常可愛。
花有白、粉紅、紫紅等顏
色。
栽種的訣竅／怕熱，夏天
要養在蔭涼處，並且控制
給水，從秋天起就可以養
在有陽光的地方。小花仙
客來雖然耐寒，還是必須
注意霜害。

藍花草

茜草科。日本名「藍花
草」。花徑約一公分的小
花，長在細長莖的尖端，看
起來很柔弱，其實生命力
相當強，花期也很長，靠地
下莖繁衍。
栽種的訣竅／在花期的期
間施肥，可以陸陸續續地
開出漂亮的小花。植株長
大後，必須進行分株。

姬山菊

菊科。多年生常綠草木植
物，葉子像款冬，葉片厚，
而且表面有光澤。開黃色
花。
栽種的訣竅／花期是十月
至十二月，宜養在通風的
半日陰處。

粉紅雪柳

薔薇科。花期是四月左右，
從花苞到開始綻放前，是
漂亮的紅色，但是要開花
的時候，就會變成白色的。
栽種的訣竅／耐熱也耐
寒，從向陽的地方到半日
陰的地方，都可以養。開花
後就立刻剪定的話，可以
修飾成自己喜歡的大小。

砬荸南芥

十字花科。生長在草原或海
岸的砂地的筷子芥的黃葉斑
入變種。一支直立的莖的尖
端，會開出密集的小花。
栽種的訣竅／適合養在半
日陰的地方。若在冬天，最
好放在廊下或室內，夏天
時也要養在可以遮蔭的地
方，或簾子後等可以躲避
陽光的地方。

秋冬蒲公英

菊科。葉子像款冬，所以
有這樣的名字；拿掉葉子
的話，像側金盞花，是正月
時常見的盆栽花。
栽種的訣竅／如果沒有接
受日光，就不會開花。開完
花後，就必須進行移植，
換大一號的缽。

| 自然綠生活 | 30

好好種的自然風花草植栽（暢銷版）
—— 一次學會37個以苔・木・草・石融入居家設計的景色盆栽

....

作　　者／小林健二
譯　　者／郭清華
發 行 人／詹慶和
總 編 輯／蔡麗玲
執行編輯／劉蕙寧
編　　輯／蔡毓玲・黃璟安・陳姿伶・陳昕儀
執行美編／周盈汝
美術編輯／陳麗娜・韓欣恬
出 版 者／噴泉文化館
發 行 者／悅智文化事業有限公司
郵政劃撥帳號／19452608
戶　　名／悅智文化事業有限公司
地　　址／新北市板橋區板新路 206 號 3 樓
電　　話／(02)8952-4078
傳　　真／(02)8952-4084
網　　址／www.elegantbooks.com.tw
電子信箱／elegant.books@msa.hinet.net

2019年7月二版一刷　定價380元

KESHIKI BONSAI by Kenji Kobayashi
Copyright © Kenji Kobayashi ,2007
All rights reserved.
Original Japanese edition published by Nitton Shoin Honsha Co., Ltd.

This Traditional Chinese language edition is published by arrangement with
Nitton Shoin Honsha Co., Ltd. Tokyo in care of Tuttle-Mori Agency,Inc., Tokyo
through Keio Cultural Enterprise Co., Ltd., New Taipei City ,Taiwan

經銷／易可數位行銷股份有限公司
地址／新北市新店區寶橋路235巷6弄3號5樓
電話／(02)8911-0825
傳真／(02)8911-0801

企劃・編輯
小橋美津子

攝影
中川真理子

裝幀・設計
小島正繼

Special thanks

木村　博
河津　忍
島津直樹
菅原弘人
矢島美途

國家圖書館出版品預行編目(CIP)資料

好好種的自然風花草植栽：一次學會37個以
苔・木・草・石融入居家設計的景色盆栽/小
林健二著；郭清華譯.
-- 二版. – 新北市：噴泉文化館出版, 2019.7
　面；　公分. -- (自然綠生活; 30)
ISBN 978-986-97550-7-8 (平裝)

1.盆栽 2.庭園設計

435.11　　　　　　　　　　　108009821